持続可能な農林漁家民宿経営

――農林漁家民宿の価値が分かる「ざっくり原価計算」のススメ

農家民宿おかあさん百選の「名づけ親」へのメッセージ

東洋大学社会学部教授　青木　辰司

山﨑眞弓さんは、長く高知県の職員として、農山村振興の担当者として、四国地方では逸早く農家民宿の立ち上げや、経営改善の指導を精力的に行われてこられました。

また全国的には平成19年度から3か年に亘って実施した、「農林漁家民宿おかあさん百選」認定事業のアドバイザーとして、農家の実態を踏まえた認定の在り方への有意義な助言を多くいただきました。

実は、山﨑さんはこの事業名を決めるにあたって、もともとは他の名称であったものを農水省の担当からの相談にのられて、「おかあさん」こそ農林漁家民宿経営者を体現する用語であると主張された方で、私は「おかあさんの宿の名付け親」と勝手に呼ばせていただいてきました。その後、四国地方のグリーン・ツーリズム実践者のネットワークを立ち上げられる一方、これまでの事業支援や実践指導を踏まえて、地元の大学で修士論文を書き上げ、その集大成が、この本となったとうかがっております。

グリーン・ツーリズムが日本に紹介され、政策として展開して20余年。人間の成長過程でいえば、大学を卒業して社会人となる段階に達していますが、まだまだ課題は山積しています。特に近年は、airbnbといった、アメリカ資本のＩＣＴ活用の民泊登録が、闇雲に各地に入り込み、旅館業法の網の目をくぐる危うい事業が広まりつつあります。

「観光立国」を顕現する政府は、インバウンド政策を積極的に展開しておりますが、今後海外からの旅行客の受け入れが急増する中、多様な規制緩和が進むことが予想されております。そした現状であるからこそ、確かな農家民宿の品質向上に向けた助言・指導が求められています。

本書は、そうした喫緊の課題に対応して、長年の調査研究、行政指導、ネットワーク実践といった、山崎さんならではの、幅広い実践的助言・指導の実績を活かした実践書、として高く評価されるものです。

「世の為、人の為」の「役に立つ研究者」（=「役者」）を目指す私にとって、山崎さんは在野の「役者」として、多くの農家に信頼と期待を得ている方です。英国の農家民宿は、〝FARM STAY UK〟という、品質評価の制度を踏まえた質感高い農家民宿のネットワーク組織を有し、国内外から多くの宿泊者を受け入れていますが、その前身の〝FARM HOLIDAY BUREAU〟（農家民宿協会）は、英国の農業改良普及員が、その立ち上げ人として大きな役割を果たしたといわれます。

その意味でも、山崎さんがこの本を通して、日本の農家民宿がさらなる発展を遂げるための指針を示されたことの意義は、極めて大きいといえるでしょう。グリーン・ツーリズムは、農の営みに賦存する多面的価値を、多くの倫理観の高い人々が共有し、その価値を最終的には地域活性化や社会的自己実現に活かすこと、に大きな意義があります。

狭い農業・農家民宿経営論ではなく、広く長い地域・人間活性化論の視点からグリーン・ツーリズムを見据えたとき、その可能性は無限大に広がるでしょう。都市に追いつく農山漁村活性化でなく、他方農山漁村単独の創生化でもなく、都市との確かな連携・協働による相互交流を通した「協発的発展」論として、新たな地域開発を担うものがグリーン・ツーリズムであると確信します。

仕事柄数多くの都道府県職員の皆さんと、多くの場面でご一緒させていただいてきましたが、現職時代の経験を活かしたグリーン・ツーリズムの実践に身を転じられた方は多くはないと思います。その意味で、今後山崎さんには、是非豊富なご経験と人脈を生かしていただき、極上のお宿をお作りいただけないかと、勝手に期待しております。

ご出版に当たって、まずはその成果のお祝いと、今後のご発展を心から祈念して、私の巻頭言に代えさせて頂きたいと思います。

はじめに

「農山漁村ツーリズム（観光）によって地域の活性化を！」という言葉が時おり新聞や地方自治関係の専門誌に登場します。特に最近また農山漁村ツーリズムに注目が集まっています。

農山漁村ツーリズム（観光）といえば農林水産省が推進している「グリーン・ツーリズム」が頭に浮かぶ方もいるのではないでしょうか。

私は1998年に行政機関の農山村振興のセクションで「グリーン・ツーリズム」の担当者になりました。当時はまだ農村休暇法制定（1992年）の熱気が残り、農林水産省のソフト事業がさかんに実施されていました。その後10年間「グリーン・ツーリズム」担当者として2003年の「規制緩和」や「濁酒特区」、2008年の「子ども農山漁村交流プロジェクトの開始」を経験しました。

担当者として知り合った全国の「農林漁家民宿」経営者の方はいつの間にか友人になり、その縁はずっと続いておよそ20年にもなります。

20年の間、新聞や専門誌で繰り返される「農山漁村ツーリズム」論を見てきました。正直、ああ、またかと思うようになってきています。ただ、この2、3年は今までとは違う勢い、これまでにない転換点に来ていることを感じます。

それと同時になにかすっきりしないものも感じます。「相変わらず地域振興施策としての一貫性や国土計画・環境政策などの政策との整合性・総合性が感じられないなぁ」という生意気なことも頭に浮かびますが、具体的なことでいえば、たとえば次の3つです。

まず、田舎旅への志向は高まっていると言われながら、実際は、農山漁村ツーリズムのマーケットが成熟しているとは思えないこと。

次に、農山漁村ツーリズムをこれまでから一層発展させようという「農泊」においてでさえ、現場の意識や、その推進のしかたが20年前とそう変わっていないこと。「農村ツーリズム」を取り上げる新聞や冊子の記事が過去そのままなのは驚くほどです。

そして三つ目。全国の農林漁家民宿の経営者が、開業して10年、20年、地域振興の担い手として十分な実績を持ちながらもそれに見合う評価を受けていないことです。


地域振興策として農山漁村ツーリズムに注目する地方自治体や研究者の方々はたくさんいますが、私は農山漁村ツーリズムの仕組みの中にいる小さな経済活動を大切に思ってきました。

なぜ私が退職してからも農林漁家民宿とその経営者の方々との関わりを続けているのか。もちろん、質素で知恵にあふれた暮らしぶり、健やかな「食」も魅力で、そういう点では農林漁家民宿を訪れるお客さまと変わりはないのだろうと思います。ただ、それ以上に私の心をとらえ続けているのは、外部の人間である私を受け入れてくれる農林漁家民宿経営者の度量の深さと、さびれゆく故郷をなんとか回復させようと努力し続ける姿です。こういう個人個人の頑張りと草の根的な動きがなければ、農山漁村ツーリズムの望ましい形での継続もないし、魅力的でもない、と断言してもよいと思っています。


本書では、今まであまり語られてこなかった農林漁家民宿の経営について、20年間民宿経営者の方々の友人として見聞きしたこと感じたこと、アンケート調査の結果とともにまとめてみたいと思います。そして、そこに現場の本音と私の反省もしのばせました。

まず、「第Ⅰ章　農村ツーリズムで地域おこし」では、これまでの農山漁村ツーリズムをふり返り、農山漁村ツーリズムが社会の中に定着して地域の活性化につながるために必要とされてきた施策や仕組みについて簡単に整理します。

第Ⅱ章以降は、農山漁村ツーリズムの小さな担い手である「農林漁家民宿」に焦点を絞ります。農林漁家民宿を取り巻く現在の状況は、私の目から見ると制度面でも社会への定着の度合いにおいても、まだ十分とはいえません。その中で、お客さまのニーズさらには政策上の期待に応えながら、自分たちも充実感をもって経営を続けていくとはどういうことかについて考えます。

「第Ⅲ章　農家民宿の経営……ここが気になる」では、「持続可能な経営」を考えるときに私が気になっている農林漁家民宿の特徴や傾向について紹介します。

「第Ⅳ章　新時代がやってきた」では、「民泊特区」「インバウンド」「田舎旅志向の増加」などの近年のうねりが農林漁家民宿の経営に与えそうな影響や変化と、今後の可能性を拾い上げます。

「第Ⅴ章　農家民宿ざっくり原価計算のススメ」では、農林漁家民宿の経営にどれだけの費用がかかっているかを集計するツールを提案します。

「第Ⅵ章　あらためて持続可能な農家民宿の経営を考える」では、農林漁家民宿が信頼され支持されるために不可欠と言ってよい「品質」「価値」について整理してみます。農林漁家民宿が生きがいと採算性を両立させるのに必要な農林漁家民宿の「品質」と、それが評価されるマーケットとはどういうものかについて考えます。

そして、農林漁家民宿の原価計算から浮かびあがってくる2つの重要な「費用」について思いをめぐらしたいと思います。

なお、農山漁村で農林漁業を核に展開しているツーリズムへの取り組みや農林漁家が経営する民宿は「農山漁村ツーリズム」「農林漁家民宿」と表現するのが正確だと思いますが、本文では少し縮めて「農村ツーリズム」「農家民宿」と呼ぶことにします。家業である農林水産業は複合的に営まれていることが多いので、「農林水産業」とします。これまでの研究や政策を紹介する際には、その中で使われている用語を用います。

また本書でいう「農家民宿」は（規制緩和の対象であるかないかに関わりなく）農家が旅館業法の営業許可を得て営業している宿を指しています。昨今「民宿」「民泊」という用語に少なからぬ混乱が見られますが、その点をご理解の上お読みいただければ幸いです。

持続可能な農林漁家民宿経営　目次

第Ⅰ章　農村ツーリズムで地域おこし

1　農村ツーリズムで地域おこし本当にできるの？

（1）農村ツーリズムは目新しい取り組みではありません

農村に訪れる人（交流人口）を地域の活性化や農家の所得に結びつけようとする動きは昨日や今日始まったものではありません。近年「地域振興の新しい手法・切り札」のように紹介されることもあるのですが、それほど目新しいものではないのです。

この章では、いまいちど「農村ツーリズム」に取り組むとはどういうことなのか、思い出しながら考えてみたいと思います。思い出の中には反省がいっぱいです。

（2）農村ツーリズムは目的ではなくツールです

農村地域が何を期待して（目指して）農村ツーリズムに取り組むのか。簡単にいうと、新しい経済活動を創り出して地域を元気にすることです。雇用が創出され、現在地域の中にある経済活動が息をふきかえし、伝統的な価値のあるものが守られ、最終的にはここに住み続けたいという住民の願いがかなえられるということです。

大きなポイントは、その新しい「経済活動」が従来の資源浪費型のものでなく、今地域の中で滅びそうな宝物を活かしていくことにあります。

農林水産業は、生産物を消費地の市場に出荷し販売して収入を得ます。それに対して農村ツーリズムは、「この地域の中が消費地になります」。「消費者がお財布を持って地域の中に来る」。それは大きな転換です。（図Ⅰ1）

ただ、ここで重要なのは、農村ツーリズムはあくまでツールだということです。全てのケースにあてはまるオールマイ

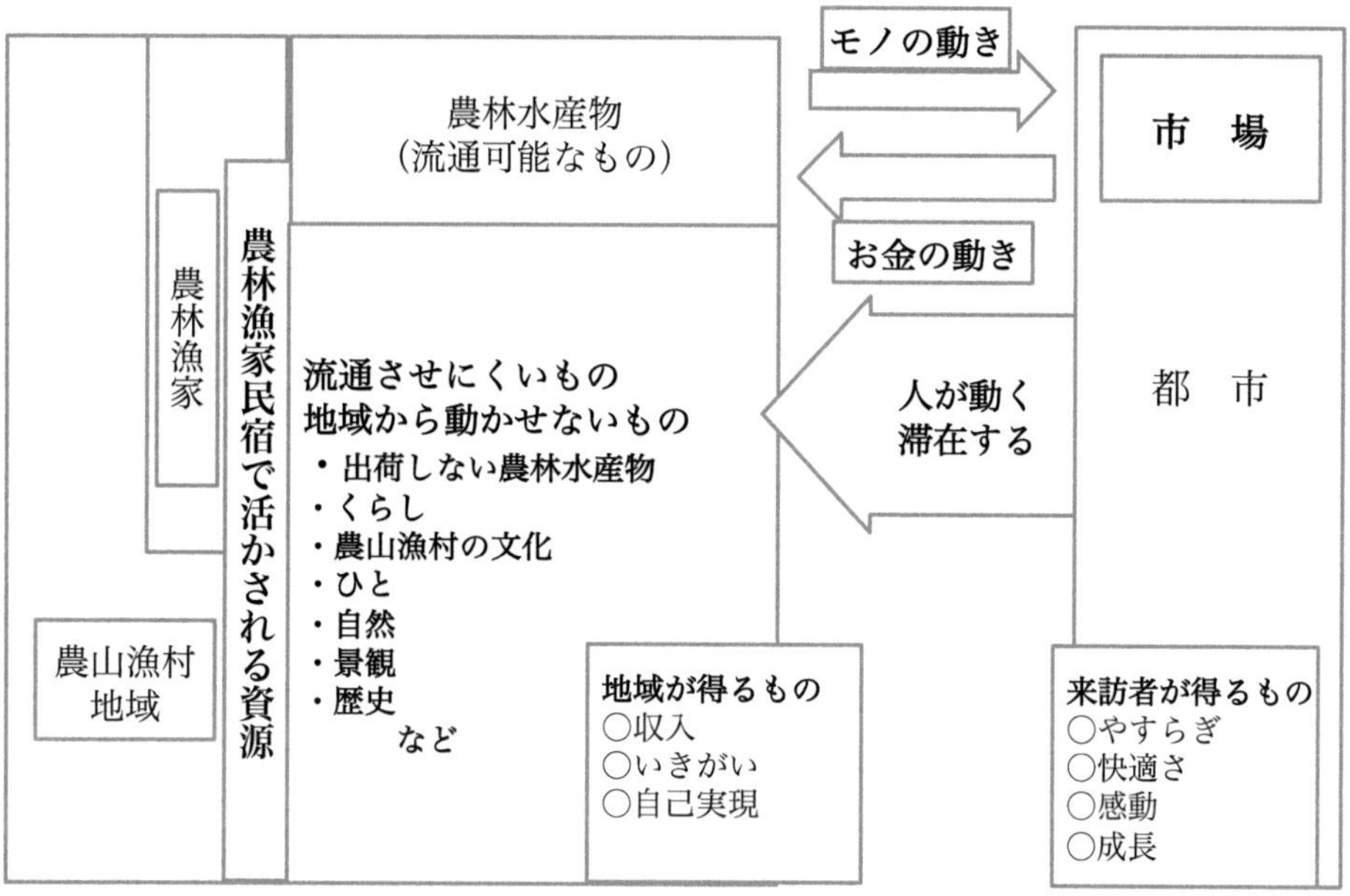

図Ⅰ１　市場が地域にやってくる（モノが動かず人が動く）

ティなものでもありません。他にもっとよさそうなツールがあって、それで地域を立て直せるのなら無理して農村ツーリズムを選ばなくてもよいのです。そして選んで使うからには、農村ツーリズムというツールの特徴、一長一短を知っておかなければ期待する結果には結びつきません。

このような当たり前のことをなぜ言うかといえば、例えばかつてのグリーン・ツーリズム推進の中では「グリーン・ツーリズムに取組むこと」が目的のようになってしまったり、「グリーン・ツーリズム」の定義にこだわりすぎて身動きとれなくなったりした場面がたくさん見られたからです。

今から思えば、「グリーン・ツーリズム」はやっかいな言葉でもありました。「グリーン・ツーリズム」は、本来は「農村に来る都市住民の消費行動・交流活動」を指す言葉です。農村地域で取り組むことは「それを受け入れること」です。しかし当時は（たぶん今も）皆、「グリーン・ツーリズムを推進する」という言い方をしました。私たち行政担当者もそうでした。今さらですが正確には、「グリーン・ツーリズム関連ビジネスを推進する」と表現すべき[1]で、そうしておれば本書のテーマである農家民宿の経営も少し異なった展開をしていたのかもしれないと思うのです。そういう意味では、近年の「農泊」はいい用語といえます。

1「農村における地域内発型アグリビジネスに関する実証的研究：竹本田持（2007）明治大学大学院農学研究科博士学位請求論文

「グリーン・ツーリズム」「農村ツーリズム」というツールには、もうひとつ難しい特徴がありました。それはまだ市場が形成されていない新商品だということでした。つまり、「農村ツーリズムの受け入れ態勢（農村ツーリズム関連ビジネス）」を地域に創り出すと同時に、「農村ツーリズムのマーケット」も作っていかねばならなかったのです。商工業でしたら新製品づくりでは当然の「販路開拓」なのですが、グリーン・ツーリズム初期の推進活動の中では残念ながらそこまでたどり着くことができませんでした。

（3）これまでの歩みを振り返る

日本における農村ツーリズムの歩みをおおまかに振り返ってみましょう。農村ツーリズムを「農村に人が来て滞在すること。またそれを受け入れて収入とすること」とするならば、その動きは「グリーン・ツーリズム研究会報告」（1997年）よりもずっと前から始まっています。

過去の研究や報告書によると、1970年代が農村ツーリズムの萌芽期とされます。皆周知のことと思いますが、たどってみます。

1970年代

大戦後、国民の生活が落ち着きを取り戻し、国民生活の向上によってレジャーを楽しむゆとりが生まれたころです。スキーブームの宿泊需要に応えるスキー民宿の開業が始まります。スキーと同様、農村で行われるレジャー人口の増加に応じて農林漁家による海の家や釣り宿の開業も進みました。

この頃のお客さまが農村に宿泊する際の主目的は農村の内部や周辺にあるレジャーでしたが、やがて農村そのものや農家との交流を目的にしたものが現れます。

例えば1977年には、東京都の和光中学校が秋田修学旅行を始めています。これは「わらび座」と秋田県仙北地域の農家と学校の三者が力を合わせて作りあげた教育旅行で、近年の「農村体験型修学旅行」の先駆けといえます。

これは「農村の持つ（教育面での）機能」に注目したという意味でも、それまでの農村ツーリズムとは一線を画していたと思います。

1980年代

観光果樹園が開業し、農村にロッジ、キャンプ場等の整備が行われるようになりました[2]。国の政策もこれを後押しします。全国各地で、農林水産省補助事業[3]による「都市農村交流施設」や「農林漁業体験施設」がたくさん整備されました。その多くが、公設公営型、公設民営型の施設で、都市住民の宿泊や農林漁業体験を受け入れる体制を作ろうとしました。

1990年代

2 「特定農地貸付法（1989年）」が施行され、「市民農園」で農作業を楽しむことができるようになったのもこの頃です。
3 山村振興農林漁業特別対策事業や農業構造改善対策事業、自然休養村整備事業等

大きな転機にさしかかります。スキーブームが去り、1991年にバブルが弾けたことによってスキー民宿の顧客が激減しました。ハード事業による施設整備でも同1995年の会計検査院の年次報告書には、国庫補助事業で作られた公設公営型、公設民営型の大規模な施設の3〜4割が赤字であり、自然休養村事業が構造的赤字であると指摘される状況になります[4]。

こうして見ると、グリーン・ツーリズムが一見はなばなしく登場した1992年は、実は「農村観光は農林水産業の衰退を防ぐことができるのか」「農村観光へのニーズは本当にあるのか」「農村観光はもう限界にきているのではないか」という課題が突きつけられていた時期であったのです。

2 農村ツーリズムが背負ってきた宿題とは

農村振興の施策に「農村ツーリズム」が表だって登場したのは1992年です[5]。「グリーン・ツーリズム」は、過疎化・高齢化に悩む農村の活性化策として推進されることになり、1996年には「農村休暇法」[6]が制定されました。

その際にお手本にしたのが、「ルーラル・ツーリズム（イギリス）」、「農村で休暇を（ドイツ）」、「農家へようこそ（フランス）」、「アグリツーリスモ（イタリア）」等の、ヨーロッパ各国の農村ツーリズムによる地域振興への取り組みです。「グリーン・ツーリズム」登場前後の時期には、相当数の先進地（ヨーロッパ）調査[7]が実施されました。ヨーロッパの指導者を招いての講演会[8]も開催されました。農村女性を対象にした「グリーン・ツーリズム」実践者養成講座（国外研修含む）も、この時期に数多く実施されました[9]。農林水産省の図書室や関係団体の資料室にはこの頃の報告書がたくさん残っています。その中には先進地に何があって日本に何がないか、また何が必要かについてすぐれた知見を見ることができます[10]。

そして、現在でも海外調査やスタディツアーは頻繁に実施されています。私の数少ないヨーロッパ調査時でさえ毎回、「○○県が2週間前に調査研修に入っていた」とか「この前、

4 山崎光博「ドイツのグリーン・ツーリズム」2006 農林統計出版
5「グリーン・ツーリズム研究会（1992年、農林水産省構造改善局に設置された）」報告書。
6 農山漁村滞在型余暇活動のための基盤整備の促進に関する法律（平成六年六月二十九日法律第四十六号）

7 西欧農村整備現地研究会のヨーロッパ調査報告書、「EU諸国における農村振興研究の動向（海外調査資料29）」2000農林水産技術会議事務局企画調査課、ヨーロッパ農村振興対策事情調査団報告（「ヨーロッパ農業の新しい道」1981、「わが村は美しく」1985など）
8「日英グリーン・ツーリズム国際交流研究会（1993）」、「田園シンポジウム（2004）」、「グリーン・ツーリズム国際シンポジウム（1995、1996、1997、1998、1999）」等。イギリス、フランス、イタリア、ドイツ各国からの実践者、研究者を招いての講演会が開催された。
9（社）農村女性・生活活動支援協会活動、家の光主催によるものなど。
10 農林漁業だけでなく、環境政策や交通政策、観光政策という視点からの調査報告やデータもあります。「英国農業・農村の変化と農村固有文化の現状」1989全国農業農協観光協会公益事業部、「ヨーロッパのリゾート、日本のリゾート」、「ヨーロッパ（オーストリア・ドイツ）の地域社会開発の現状」など。

○○研究所がインタビューにきていた」と耳にするくらいですから、おそらく相当な数にのぼるのではないかと思います。そして多くの報告書、論文、書籍、講演会等で、農村ツーリズムがいかに可能性に満ちたツールであるか、かの地ではどのような施策がありシステムがあるかが語られます。また近年推進されている「農泊」推進の資料にも、農村ツーリズムの定着と発展には何が必要かが記載されています。

しかし遠慮なく言えば、その要点はグリーン・ツーリズム初期からほとんど変わっていません。取り上げる事例や地域は更新されてはいますが、農村ツーリズムによって地域振興を進めていくのに必要な仕組み、地域資源の活かし方、人材育成等々についてはまるで同じものを読んでいるようにさえ思われます。

このことは、この長きにわたって（部分的な成功例は別として）目的の実現に必要なことは分かっていながら、なぜか実現には至っていないことを示しています。これまでの農村ツーリズムへの取り組みは解けていない宿題を背負ってきた道のりだったといえます。

近年の農村ツーリズム論の中にはこれまで何をしてきたのだといわんばかりの書きぶりさえありますが、日本における「農村ツーリズム」の「解けていない宿題」はその「何を?」ではなく「なぜ?」の中に潜んでいるのです。

3　農村ツーリズム「何が必要?」をおさらいする

「農村ツーリズムの定着に何が必要なのか」、多くの方々が報告し指摘しています。それらをおさらいしてみます。なお、指摘の中には「LEADER」や「環境景観にかかる地域政策」、「開業にかかる法制度や規制緩和」、「長期休暇制度の有無」など国の政策や法律・社会制度に関わる大きな課題もありますが、ここでは農村ツーリズムの経営体や地域、関係する団体の活動に関わるものについて考えます

指摘は大きく分けて、「農村ツーリズムに取り組む地域側の問題」と「農村ツーリズムのマーケット」の問題になります。

（1）地域ぐるみの取り組み―合意形成や交流重視の落とし穴

地域側の課題として一番よく言われるのが、「地域ぐるみの取り組みが出来ていない」「地域のネットワークが機能していない」ということです。

最近、「日本のグリーン・ツーリズムは民宿に特化しているから地域への広がりがないのだ」という意見を目にしました。たしかに農家民宿が目立つ傾向はあったかもしれません。しかしグリーン・ツーリズム初期、何があったのか、どういう動きがあったのか、を見るかぎりそういう指摘は当たっていません。かねてから、農村ツーリズムは民宿、レストラン、レジャー、市民農園、農村空間での余暇活動という広い範囲で考えられ、地域全体、地域ぐるみで取り組むことが重要で

あると、しつこいほどくりかえし言われてきました。（図Ｉ2）

グリーン・ツーリズム初期の視察や研修も先進地でそれを見たはずですし、その必要性を感じて帰ってきたと思います。早速、政策に反映もされ、各地で補助金によるソフト事業が

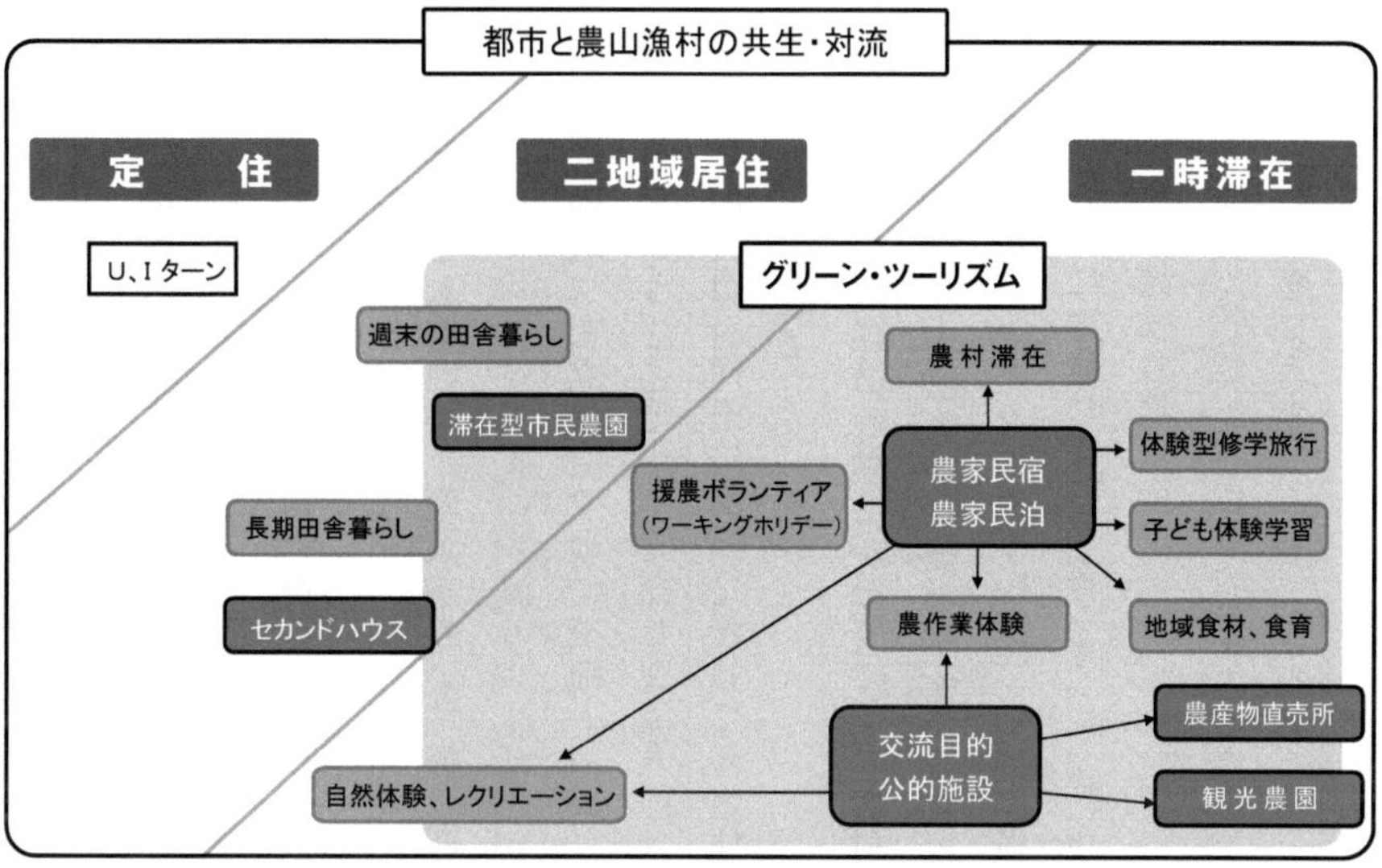

図Ｉ２　グリーン・ツーリズムはどう捉えられていたか
「都市と農山漁村の共生・対流」について 平成１９年６月 農林水産省都市農業・地域交流室

実施されました。「地域の関係者で構成する推進協議会を作りましょう」「地域資源をマップに落とし込んで体験メニューを作りましょう」、そういう作業が全国でどれだけ行われたことでしょう。今でも全国各地に地域協議会（休眠中のところが多い）の名前は残っていますし、山間地域の公民館などに「都市農村交流地域資源マップ」が残っているのを見ることがあります。

では、それがなぜ充分に機能しなかったのでしょうか。その理由を考えると、二つのことが頭に浮かびます。

ひとつは、多くの協議会が総花的な関係者の集まりになってしまったということがあると思います。当時を思い出しますと、協議会の話し合いでは「何のために取り組むのか」「経済活動をどうやって作り出すか」ということよりも、「何をやればいいのか」「どうやって受け入れるのか」に時間が割かれることが多かった記憶があります。「農泊」推進資料でも、「協議会は関係者が多く、責任の所在が不明確、取組の中心となる組織への支援が重要」と指摘されています。私はこれに「足並みを揃えることにこだわらず、同じ方向に向かうことが重要」を加えたいと思います。

私たちの心の中には「みんな揃って一堂に会すること」をもって安心してしまう傾向がありますが、皆が一斉に動けることはまれです。まずは実際に動ける構成員だけでネットワークを作り、やがて仲間を増やし地域内で認めてもらっていくという方が現実的ではないかと考えます。ただ、このやり

方は今日の日本の補助金や交付金の対象にはなりにくいかもしれません。

もうひとつは、「都市農村交流」を重視しすぎる考え方です。この「交流」による相互理解というのは志高く美しいものですが、農村ツーリズムの「経済活動」から目をそらしてしまうことになりました。

農林水産業以外にこれといった産業がない地域に観光客の受け入れをするということは、「人口が減り、生活圏が成り立たなくなっている地域」を立て直すのに交流人口（による消費活動）を借りるということです。ただし交流人口はあくまで助っ人、仮に定住人口の何十倍あったとしても定住人口を支える脇役でしかないのです。

定住人口を支えるには経済の動きが必要です。農村ツーリズムによる地域振興は、「地域の中に農林水産業や食にかかわる小さな経済活動が集積（クラスター形成）し」、「農村ツーリズム市場が社会の中に定着して」、お客さまが実際に来て「消費活動」をしなければ始まらないのです。

「合意形成」も「交流重視」も重要ではありますが、その中に落とし穴があったと感じます。

(2) 農村ツーリズムのマーケットはまだ発展途上

前にも触れましたが、農村ツーリズムで地域振興をするということは、受け入れ体制を作りながら同時にマーケットを作ることでもありました。

グリーン・ツーリズムでは「癒しややすらぎを求める都市住民」がニーズとされました。「農泊」ではインバウンドが背景にあります。ニーズはあった（ある）として、そのニーズがマーケットに育ったのかといわれると悩ましい。残念なことに、農村ツーリズムは関係者（経営者や行政の担当者、関係団体）が思っているほどには、社会（顧客）に浸透していないようです。

例えば、2007年の「第一回おかあさん100選認定式」です。式の当日は驚くほど多くのマスコミが詰めかけ、新聞の全国紙や女性週刊誌のグラビアに取り上げられ、テレビの紹介番組もありました。しかし、その取り上げ方は、「新しいもの、知られていないもの」を紹介する表現でした。そこから7年経った2014年11月6日のTBS朝の番組での民宿の説明も、「農家民宿をご存じですか？」という言葉から始まっています。現在も状況はそう変わりません。

また、イタリア在住のツアーガイドさんから聞いたエピソードですが、日本から来た若いそれも旅慣れた女性旅行者がイタリアのアグリツーリスモの宿に滞在し、「イタリアにはこんないい田舎旅があるのに、日本には無いのが残念です」と言ったというのです。

マーケットが広がり定着するためには、消費者が情報にアクセスしやすいことと、つまり農山村ツーリズムの存在を充分に伝えることが必要だと言われてきました。それがなぜうまく進んできていないのか。よく言われるのが、日本には「全国的なネットワーク（支援組織）」が無いということです。

たとえば、フランスには代表的なもので「フランス農業会議所」「ジット・ド・フランス全国連盟」「アクイユ・ペイザン全国連盟」の3組織があります。「農業会議所」は「農家へようこそ」というネットワークをもっており、フランス人の3人に1人は知っているというほどの広報活動を行っています。「ジット・ド・フランス」は農村の宿をメインに扱う予約サイトで、これも農家民宿の取り扱い件数はフランス1です。「アクイユ・ペイザン」は小規模農業の価値（環境や文化への貢献）を発信しながら広報を行います。ドイツ、イギリス、イタリアにも同様の組織があります。

日本にもネットワークや支援組織はありますが、もう少し強力なものがあってもよいのではないかとずっと思っています。

「農村ツーリズム」を取り巻く状況は急速に大きく動きつつあります。民泊が現れ、これまでにない「泊まり方」が広がりつつあります。外国からのインバウンド、さらにかつての交流活動の田舎ワーキングホリデーが農村の労力不足を補うものとしてリバイバルで登場しています。「外圧」が「農村ツーリズム」に新たな変化と発展を迫っている。こういうことは日本の農村ツーリズムの歴史の中では初めてのことではないかと思います。

一方、ヨーロッパでよく聞くのが、「農村ツーリズムの市場はけっして巨大なものではない」ということ。その代わりというのも変ですが、その顧客は「学歴が高い」「高所得層が多い」ともいいます。農村の価値に目を向け農村を選ぶ顧客が繰り返しやってくるということは、資源の増産・複製が容易でない農村ツーリズムにとってはまさに理想の形といえます。外圧に踊らされずしっかりしたマーケットを作っていくことが大切です。

4 日本の農村ツーリズムの「なぜ？」に引く2本の補助線

農村ツーリズムの宿題「なぜ」を考える時、私はよく補助線を引きます。それは、「フランス農村観光政策調査報告書」（小俣寛）と「ドイツのグリーン・ツーリズム」（山崎光博）から借りてきた、「郷土愛と戦略」と「面の整備と点の整備」という2本の補助線です。

（1） 郷土愛と戦略

日本の農村ツーリズムがなぜヨーロッパのようにならないかという議論の中で真っ先に指摘されるのは、「長期休暇制度がないこと」です。でも、それ以上に日本とヨーロッパの違いを感じることがあります。それが「郷土愛と戦略」です。

百聞は一見にしかずと言いますが、ヨーロッパの農村を見て歩くだけで、農村ツーリズムが地域全体の観光開発と一体となって環境政策、景観政策、産業政策とも関連して総合的な（国土）計画の中にあることに驚きます。

そして、その中でツーリズムのコアとなる人たちがユーロの交付金を活用しつつ、地域の農や食に関するものだけでなく小規模だけれど伝統のある地場産業も含むネットワークを強化して地域の受け入れ体制を構築しているのです

「フランス農村観光政策調査報告書２００５」執筆者の小俣氏は、ワインや乳製品の地域ブランドの考え方として登場した「テロワール」の概念について、「より広義にテロワールを意識してみることは、フランスの農村ツーリズムの特性を理解する鍵になる」とし、「人はただ単に没個性化した農村に向かうのではなく、そこだけの、その土地だけの、個性やアイデンティティーを求め、農村部を繰り返し訪れる」と述べています。これは農村ツーリズムの一番重要な部分を的確に表している言葉だと思います。

フランスばかりでなく、イタリアでもドイツでも、「地域への愛着」を強く感じます。だからこそ、「農村に突然現れたレジャー産業」ではなく、「大地から生えてきた、ここにしかない農村ツーリズム」が生まれることができるのでしょう。

イタリアの農家民宿でワーキングホリデーを過ごしていた日本人女性のお話です。

ワーキングホリデーの合間の休日に、彼女はイタリアの他の都市を観光に行ってみようと思いました。そこで、そう思っていると民宿の主人に伝えたところ、主人から「風景も食べ物も、この村がどこよりも素晴らしいと思うよ。どうしてわざわざ他の町に行きたいの？」と少し不思議そうに質問されたというのです。「軽いジョークも入っていたかもしれないけれど、本当に自分の村が大好きなんだなぁと感じたのよ」と彼女は感慨深そうに話してくれました。

昔からの店をずっとひいきにし続け、地域に小さな食品製造業・小売業が残っている。このような暮らし方や地域のありようは、私たち今の日本人の消費生活から見ると「頑固・保守的、融通がきかない」というふうにも見えてしまいますが、「地域資源」を守り支えているのは、こうした「自分たちの地域へのロイヤリティ」です。もちろん「ふるさとへの愛着」は日本の農村にもあります。しかしヨーロッパで見たのは、それを単なる郷愁に止めずより戦略的に展開していく姿です。スローフード然り、原産地呼称制度然り、です。戦略というとあざといことのように言う人もいますし、これまでの日本のグリーン・ツーリズムではある種の高潔さと徳のようなものが求められたように感じます。しかし、郷土愛と戦略が結びついた力強さ、したたかさが、かの地の農村ツーリズムのシステムや仕組みを生み出しています。「地域の中に住む人の中で循環し固有性を持った小さな経済は実はグローバリズムの波に翻弄されにくい経済なのだ」という説明を聞くと感動す

ら覚えるのです。

一方、日本では一抹の不安があります。山奥までフランチャイズ店の看板が見える日本。大型流通が列島の隅々まで行きわたり、消費の形態もすっかりアメリカ風になってしまった日本、市町村合併で小さな地域の固有性がどんどん見えにくくなっている日本で同じことができるでしょうか。

この小俣氏の報告書のもうひとつの重要な点は、フランスのネットワーク設立のいきさつ、背景となる思想にも言及していることです。取り組みや制度の根底に流れるものを理解しながらシステムや仕組みを取り入れていきたいと考えます。

(2) 農村ツーリズム『面の整備』『点の整備』

日本のグリーン・ツーリズム初期を牽引した山崎光博氏は、今から20年以上前の著書で「《略》グリーン・ツーリズムを地域開発つまりは『面的開発』として捉えてしまうことが多いためということができます。面的開発は日本人が得意な分野ですが、この発想でいうとどうしても様々な施設の配置を優先してしまいがちです。《中略》むしろグリーン・ツーリズムの推進に本当に必要なのは『点としての開発』であると、考え方を切り替える必要があります。点的開発というのは個々人の農家に焦点を当て、一人一人の農家がグリーン・ツーリズム・ビジネスに取り組める体制を作り上げることといってよいでしょう」と述べています。

たしかに、行政担当者やコンサルタントの関心を惹くのはもっぱら「面」の課題です。「農泊」の推進資料でも「持続的な取組とするためには、自立した運営体制の構築が必要」とされています。施策の資料に個人のことは書きにくいのだとは思いますが、運営体制だけでなく、ひとつひとつの点・結び目（経営体）が自立できていて初めてネットワークならではの「相乗効果」を生むものです。

山崎氏の講演では、農村や農家には都市住民の福祉や健康、教育に提供（貢献）できる役割、効能、力がある。そしてそういう価値あるものを提供すること、いわゆる「おすそわけ」で収入を生むことができるのだ、と分かりやすく説明されました[11]。そこには農家民宿の経営者（ほとんどが女性）への温かいまなざしがありました。だからこそ山崎氏の早すぎる逝去を惜しみ慕う女性経営者が今も全国にたくさんいるのです。

「個」を大事にすることは、前述した小俣氏の「そこだけの、その土地だけの、個性やアイデンティティーを求め、農村部を繰り返し訪れる」とともに、本来は農村ツーリズムの核と

11 フランスのアクイユ・ペイザンもまた「農村には大きな力がある。社会のすべての望む人がその力や効果を享受できること」を目指していると言っています

なる考え方だと思います。

5　農家民宿ー小さいが重要な拠点

本書では、これまでの政策や地域振興ではほとんど触れられてこなかった課題に向き合いたいと考えています。それは、「農村ツーリズムを支える小さな経済活動がどうやって持続可能になっていくか」ということです。

農村ツーリズムの拠点となる経営体には、おおまかに4つのタイプがあります。（単発的な体験型教育旅行受け入れ、民泊特区による宿泊場所も、これら4つのタイプと連動していると考えてよいと思います）。

・公設民営型の農林漁業体験施設（農産物加工、農産物直売、レストラン、宿泊施設など）。主に国庫補助事業で整備されました。休廃校を活用した施設も、ここに分類されます。

・一つの経営体が経営を多角化して複合的な体験施設（農産物加工、農産物直売、レストラン、宿泊施設など）を持つもの。

・いくつかの経営体が寄り集まって、複合的な体験施設（農産物加工、農産物直売、レストラン、宿泊施設など）を持つもの。

・個人経営または小グループが経営する農家民宿、レストラン、農産物直売所、もぎとり果樹園など。

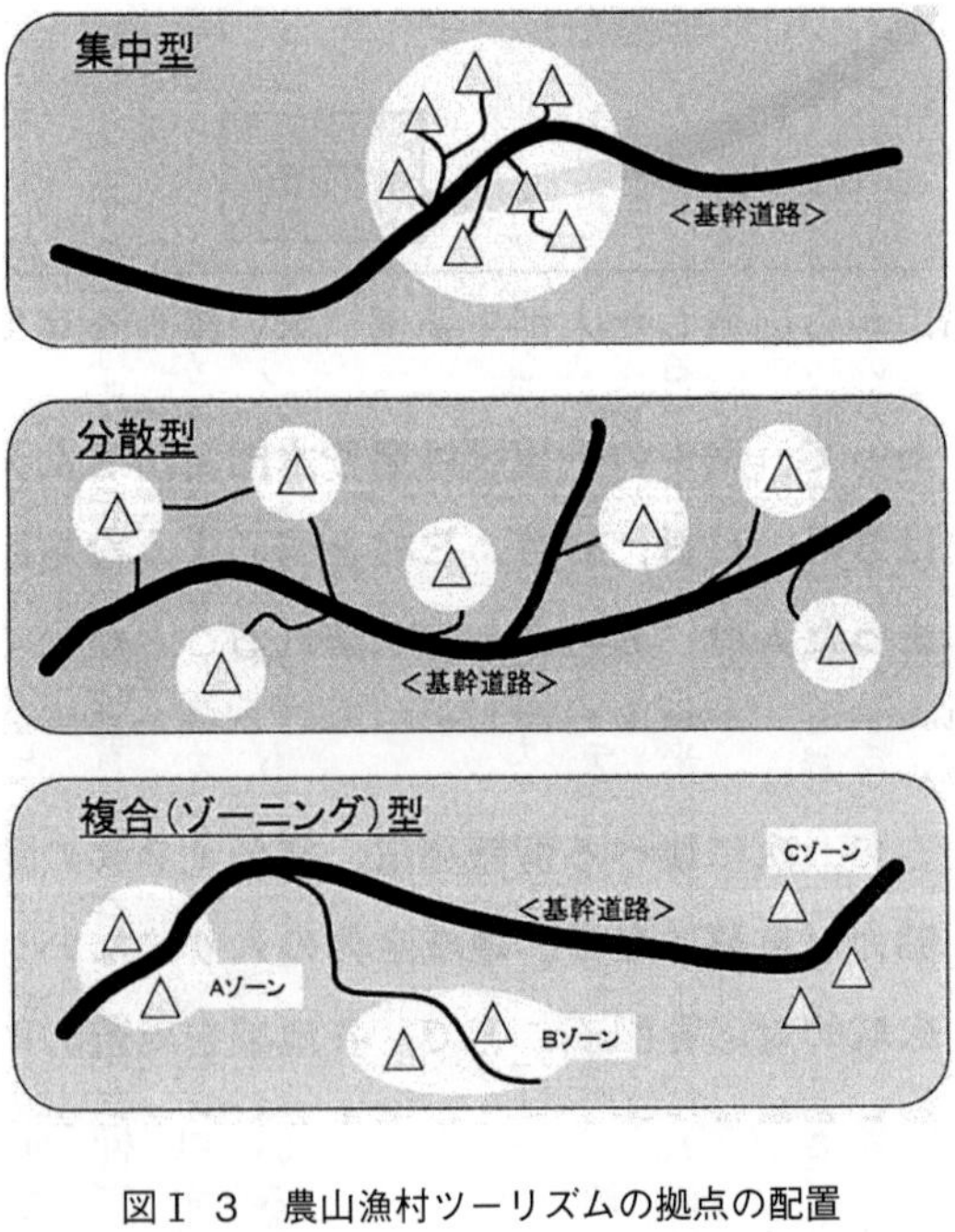

図Ⅰ 3　農山漁村ツーリズムの拠点の配置

「農村における地域内発型アグリビジネスに関する実証的研究：竹本田持 (2007) 明治大学大学院農学研究科博士学位請求論文より引用

拠点がどのように配置されるのがよいのか、どのような経営形態がよいのか、それはケースバイケース（図Ⅰ3）。しかし、いずれにしても農村ツーリズムの経済活動が連携し循環していくためには、クラスターの一粒一粒が順調に経営されていることが必要です。

本書で焦点をあてる「農家民宿」は、農村ツーリズムのクラスターの中の一番小さな一粒です。しかしこの小さな一粒は、地域を失いたくないと思い、住み続けたいと思っている当事者なのです。地域の「食」の最前線であり、自らの内部に伝統や文化を内包しています。

先に紹介した「日本のグリーン・ツーリズムは民宿に特化しているから地域への広がりがないのだ」という指摘を思い出します。

たしかに「グリーン・ツーリズムといえば農家民宿」という雰囲気はありました。それには、こういういきさつがあったと思います。農村ツーリズムではまず農山漁村内に「泊」を確保することが重要でしたからグリーン・ツーリズム初期の行政機関は民宿開業を後押しし、マスコミにPRもしました。田舎らしいツーリズムを象徴する農家民宿に注目は集まり、民宿そのものの魅力もあり、目立ってしまったといってよいでしょう。

しかし今、その農家民宿がどうなったかというと、注目とはうらはらに経営者一人一人の努力に支えられたごく地味な取り組みとして、大きな予算のハード事業や華やかな政策の合間に埋もれてしまっているように見えます。

農家民宿は経営規模が小さく、1軒当たりの収入もそう多くはありません。平成25年6次産業化総合調査でも、収入の平均は1事業体当たり260万円で、農産物直売所が同3,807万円と、農家レストラン同1,979万円です。このように売上だけで比べられると、農家民宿はいかにも小さく見えます。公的な事業を実施するとき、どうしても投資の効果が気になります。農家民宿は収入も規模も小さく金額的には見栄えしません。支援したくても優先順位が低くなります、という悩みを行政担当者や中間組織の方からよく聞いたものです。ある町では、民宿個々へのサポートを事業化しようとしたところ、「それは個人への支援になるのではないか」と役場の内部でも集落の中からも合意が得られなかったということもありました。

これらの声やエピソードから分かるのは、農家民宿が農村ツーリズムという総合的な地域振興策を担う「経営体」として位置づけられていないということです。「日本のグリーン・ツーリズムは民宿に特化しているから地域への広がりがない」どころか、逆に地域ぐるみすら出来ていない地域の中で孤軍奮闘している農家民宿の姿が見えてきます。

農家民宿の経営者の中には個人で地域内のネットワークを作り、「小規模な地域ぐるみ」を実践している方が多数います。地域や行政の誰よりも「農村ツーリズム」の意味を理解し、地域全体に効果を広げていこうと努力を重ねています。そういう方々にとって「民宿だけに特化しているから云々」という指摘はさぞ歯がゆいものに違いありません。

次章では、「面的整備」も「マーケット造成」もいまひとつ十分でない日本の農村ツーリズムの中での農家民宿の悩みをまとめてみます。農泊推進資料の中で、農家民宿は「生きがい」重視にとどまっていると指摘されました。そう指摘されるのはなぜなのでしょうか。そしてそれは本当なのでしょうか。

第Ⅱ章　日本の農家民宿

1　農家民宿はもっと評価されてもいい

（1）地域での活躍・貢献

日本の農家民宿は統計[1]上3，000軒程度しかなく、ドイツ約16，000（年間2，440万泊）、フランス約60，000（年間約2，870万人泊）、イタリア約18，000（年間約1，080万泊）に比べるとあまりに小さい数です。

しかし、農家民宿はそれぞれの地域であなどれない力を発揮しています。それは、農家民宿の経営者も地域の関係者も実感していると思います。

宿泊客が都会に帰ってからも交流が続き、都市と農山漁村を結ぶネットワークが育っている例もあります。都市からやってくる人たちにとって、宿というだけでなく、地域のコンシェルジュのような役割を担っているケースも少なくありません。定住促進などにも貢献しています。

農林漁家民宿おかあさん100選アンケート[2]（以下「アンケート」）の「あなたが民宿開業した理由や動機は何ですか」の回答からは、「地域のために」また「都市と農村の相互の理解のために」という「志」があって開業に至ったことが分かります。（表Ⅱ1）。そして開業後は、回答者の92.1％が「自分の民宿開業は地域に貢献している」と感じています（表Ⅱ2）。

アンケートでは、民宿開業が地域や家庭を変化させている

1　農家・林家民宿2090戸（2015年農林業センサス）、漁家民宿 1,190戸（2013年漁業センサス）を合わせると3280戸になる。

2　農林漁家民宿おかあさん100選アンケート結果：農林漁家民宿おかあさん100選認定者に対して2010年2月～3月、2010年4月～5月に実施したアンケート。山﨑，原（2014）「農林漁家民宿の女性経営者が感じている満足と課題－農林漁家民宿おかあさん100選アンケート調査結果から―」『香川大学経済論叢』香川論叢第86巻第4号。

表Ⅱ 1　農林漁家民宿おかあさん100選アンケート設問「農林漁家民宿開業の理由・動機はなんですか」への回答

開業の目的	%
地域の食材を活かしたい	76.2%
地域の活性化を進めたい	74.6%
自分の料理を提供したい	73.0%
農林漁業の良さを体験して欲しい	73.0%
生きがいを感じる仕事をしたい	73.0%
都市の方のふるさとになりたい	69.8%
農山漁村を好きになってほしい	69.8%
都市の人、子どもを受け入れたい	65.1%
地域の文化を体験してほしい	58.7%
地域内の宿泊できる場所になるため	57.1%
農林水産業の実態を知って欲しい	57.1%
家計の助けにしたい	52.4%
使ってない部屋を活かしたい	47.6%
伝統的な建物を活かしたい	36.5%
自分名義の所得が欲しい	15.9%
その他	3.2%

表Ⅱ 2　農林漁家民宿おかあさん100選アンケート設問「民宿開業・営業が地域に貢献していると思うか」への回答

	回答数
① 思う	92.1%
② 思わない	6.3%
ＮＡ	1.6%
計	100.0%

様子もうかがえます。

　金額はそう大きくないものの、地域内への経済効果もあります。農家民宿は、地域内の店からいろいろなものを購入しています。また、地域の農産物直売所や加工名人、農産加工グループにとって、民宿はいいお得意さんです。ある地域のご高齢の農産加工名人は、「民宿が開業したことで嬉しいお小遣いをいただいています」とにっこり。全国で同じようなことが見られます。

　民宿は家族の活躍の場も創り出し、場合によっては「雇用」も生み出します。図Ⅱ1はある農家民宿の事例です。右下には地元の農産物直売所・農産加工グループ・商店からの購入とパートタイマー雇用に支払われる賃金、つまり民宿の経営によって地元を潤すお金の流れが示されています。

　このような地域内での食材購入や新たな雇用に支払われるお金は図Ⅱ2のように地域内で循環します。目には見えにくいのですが、民宿収入金額以上の経済効果が地域にもたらされています。

(2) お客さまから見た農家民宿

　農家民宿のお客さまは何を求めて、何があるから、農家民宿に来ているのでしょうか。民宿の思い出ノートやエピソードの中のお客さまの言葉からそれを確認してみました。

○「ほっとする」「癒される」

　農家民宿の「感想ノート」にあふれる言葉です。自然、農村景観、里山、伝統的な建築、文化、家屋。住んでいる人にはあたりまえになっていますが、お客さまがその魅力に気づかせてくれます。

　感想にはこのようなものもあります。「星が多くて怖いくらいでした」、「『真っ暗』を初めて体験しました」。

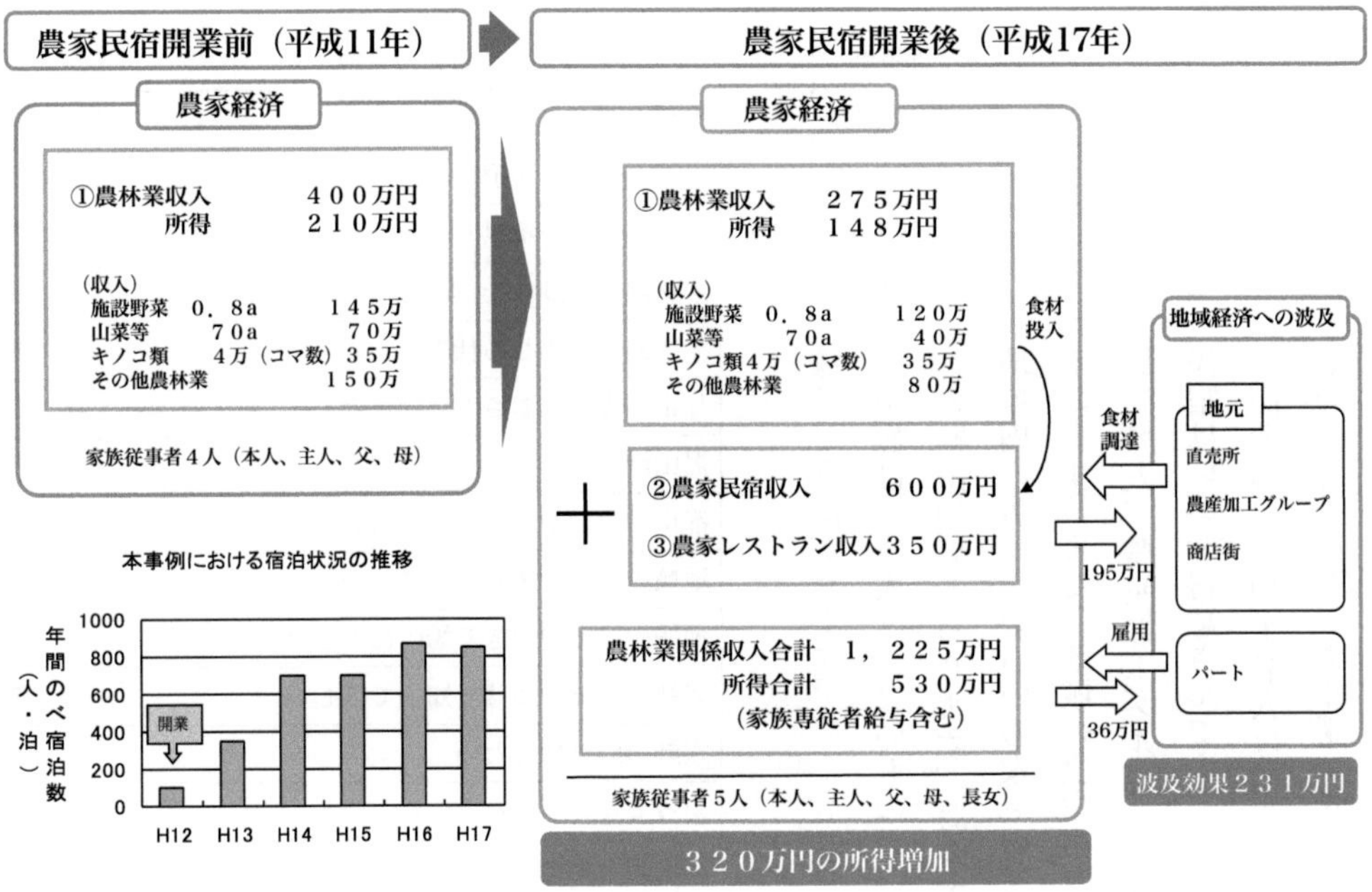

図Ⅱ 1　共生・対流推進が農家経済にもたらす効果事例

（農林水産省資料より抜粋）

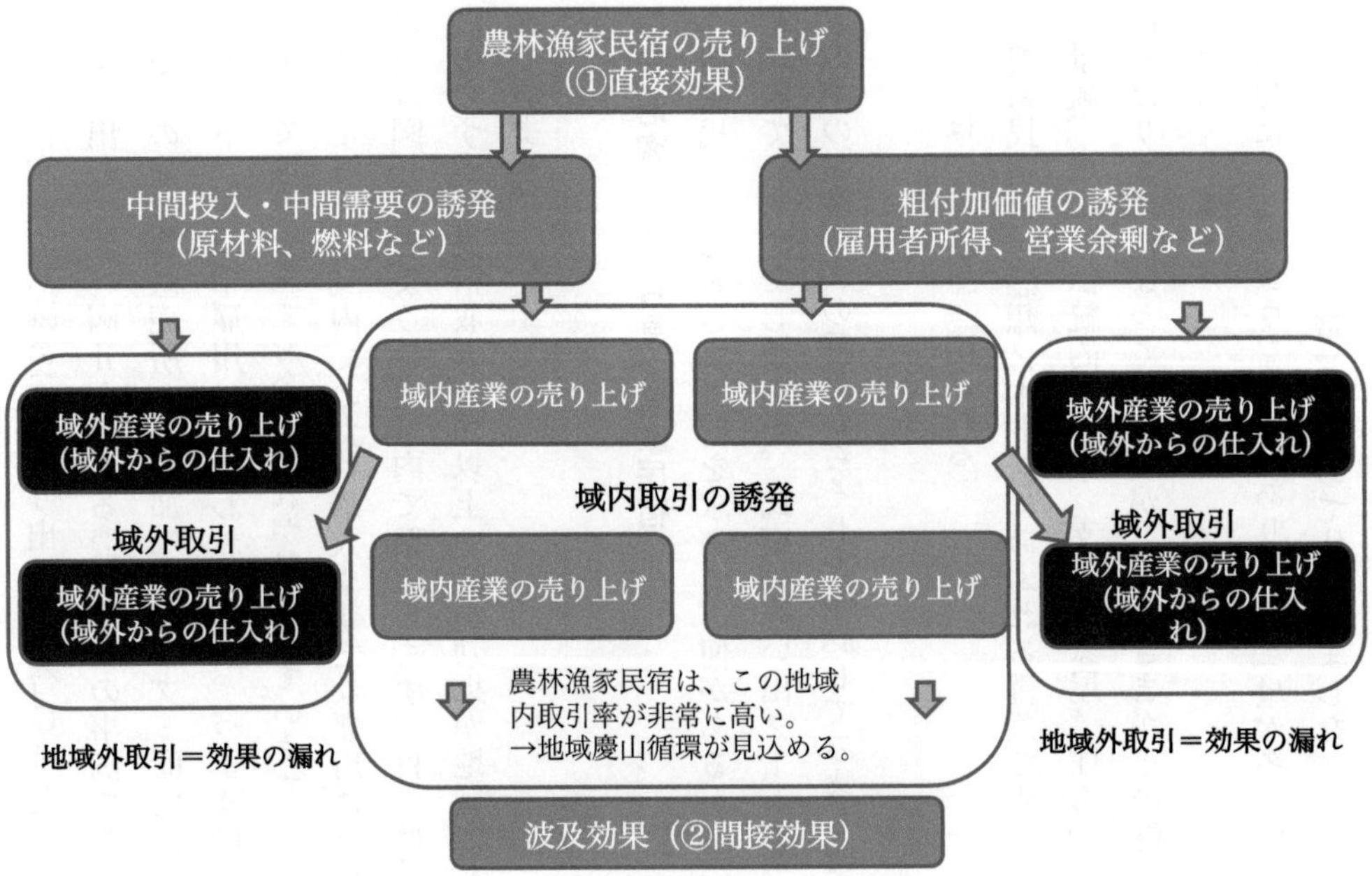

図Ⅱ 2　農林漁家民宿の経済波及効果の流れ

産業連関分析による生産波及効果は、①直接効果＋②間接効果山崎，中澤（2008）「持続可能な都市農村交流（農林漁家民宿）のために
―― 高知県に見る経済活動としてのグリーン・ツーリズム」『高知論叢』（92）をもとに作成

○「これ、ほんとうにトマト？」

小さなお客さまのこの一言が全てを物語っています。トマト嫌いだった子が採りたてのトマトを「美味しい！」と頬張ったそうです。

たまに東京に行き、街をひと巡りしてみると、「無いものが無い」、そう思うほど何でもあります。日本各地の名産や選りすぐりの高品質な農産物加工品もあります。流通とはすごいなぁと感じます。ところが、その何でもある所から来たお客さまたちが農家民宿の素朴な「食」に感動しています。

農家民宿の「食」は、まず鮮度でしょう。トマトよりもさらに鮮度が極端に落ちやすい野菜や魚ならなおさらのことです。畑から採ってきたばかり、海や川から釣ってきたばかりという時間勝負ですから、ここでないと味わえないものです。美味しいけれど生産量（収獲量）が少なくて流通には乗らない魚や野菜や伝統的な「食」が地方にはたくさんあります。郷土料理もまた家によって様々。そういうものは、実際に来て食べていただくしかありません。

○「民宿のおかあさんは、僕たちの顔を見て僕たちのためだけに献立を考えてくれる。それが素晴らしいのだ」

こう言ったお客さまの本職はなんとシェフです。農家民宿のおかあさんが、宿泊客ひとりひとりを思い浮かべながら作る料理。それは母親が家族のために作る食事のようです。農家民宿はぜいたくな「食」を提供しているといえると思います。

○「おじいちゃんを僕にください」

5歳の坊やの言葉です。宿のおじいちゃんを連れて帰りたくて、できないと分かって大泣きしました。幼い坊やですから、連れて帰りたい理由を言葉では説明できないのですが、その姿はまるで里帰りを終えて別れを惜しむ曾祖父と曾孫のようでした。

民宿にはよく感想ノートが置かれています。そこでも、「我が家のような」という言葉をよく見ます。宿のオーナーも同じ気持ちのようで、アンケートでも92％の経営者が「家族が増えたような感じがする」と回答しています。

ある民宿でのこと。初めて宿泊したお客さまに「うちを選ばれたのはどうしてですか？」と聞くと、「宿のホームページで拝見したおばあちゃんの笑顔に惹かれて」という答えがあったそうです。高齢の家族がいない核家族時代。おじいちゃん、おばあちゃんの笑顔に、何か感じるものがあるのでしょうか。宿のおじいちゃんやおばあちゃんが見せてくれる「生活の知恵、くらしの技術」、例えば火おこしや縄作りに目を見張り、「師匠！」と呼びながら後ろをついて回っている小学生の姿を、私も実際に目にしました。

農家民宿の大きな魅力は「人と人とのふれあい」だと言われます。それに対して、「人気のある老舗旅館でも女将の人柄に惹かれて、ということがあるから、『人の魅力』は農家民宿だけの特徴ではないだろう」と指摘されたこともありますが、ちょっと違う何かがある。それは、背後に日々の暮らしが見えることではないか、と思います。

このような宿泊客のエピソードのほかに、農村や農家には都市住民の福祉や健康、教育に提供（貢献）できる役割、効能、力があります。この役割、効能、力をひとまとめに「機能」と呼ぶことにしましょう。

農業や農村の持つの「機能」は都市（住民）からおおいに期待されています。実際、心身が疲れた都市住民が回復した事例、子どもに大きな変化があった事例は枚挙にいとまがないといってよく、私も直接見聞きしました。しかも日本国内だけでなく海外でも同じことがあるようでした。

「農家民宿」は「扱いにくい」商品と言われてきました。

私がグリーン・ツーリズムの担当者であった18年前には「どんなに魅力的な宿であっても、『民宿』というと質素な、悪く言うと粗末な一部屋貸しという先入観があるので、誘客は難しい」と、旅行会社が当惑していたことを思い出します。また「農家民宿は1軒1軒設備も個性も違い、その差もありすぎるので、商品にならない」と言われたこともあります。

しかし以前と比べると、「民宿」の先入観は少なくなってきて、ＴＶや雑誌で、農家民宿と農村風景が美しい絵のように紹介されることも増えてきています。

2　農家民宿のこれまでの苦労

農家民宿はこれまで（そして今もなお）さまざまな課題を抱えてきました。それをアンケート結果（表Ⅱ3）から見てみます。

(1) 地域の中のネットワーク

アンケート「あなたが課題と思うこと（そう思う＋非常にそう思う）」では、「同じ地域のグリーン・ツーリズムとの連携」（1位）でした。さらに「同じ都道府県のグリーン・ツーリズムとの連携」（2位）、「全国的なグリーン・ツーリズムとの連携」（9位）と、ネットワークの要望が上位になっています。

回答をさらに分析すると、「同じ地域の中での連携」については民宿同士だけでなく、地域内の農林水産物や加工品の販売、農林水産業体験等と連携したいという要望が強いことが分かりました。これは「地域ぐるみ」の取り組みをしたいと言い換えることができます。

一方、「同じ都道府県内の連携」、「全国的な連携」の広域の民宿ネットワークで広く社会に向けて広報や誘客をしたい、研修などの支援が欲しいという要望があります。

(2) 地域ぐるみのもうひとつの課題

「地域ぐるみ」という点では実はもう一つ課題があります。

表Ⅱ 3　農林漁家民宿おかあさん100選アンケート
設問「民宿経営においてあなたが課題と思うことはなんですか」に対する回答

順位	「そう思う」 （＝「非常にそう思う」＋「まあまあそう思う」）		「非常にそう思う」	
1	同じ地域のグリーン・ツーリズムとの連携	61.9%	**インターネットを使えない**	27.0%
2	同じ都道府県内のグリーン・ツーリズムとの連携	58.7%	同じ地域のグリーン・ツーリズムとの連携	25.4%
3	食事の改善やレベルアップ	57.1%	客室の改善やレベルアップ	20.6%
4	民宿に関する法律の知識を得たい	52.4%	食事の改善やレベルアップ	19.0%
5	客室の改善やレベルアップ	50.8%	**地域の人の理解がもっと必要**	17.5%
6	浴室やトイレの改善やレベルアップ	50.8%	同じ都道府県内のグリーン・ツーリズムとの連携	17.5%
7	同居家族の高齢化や健康	49.2%	全国的なグリーン・ツーリズムとの連携	17.5%
8	人手が足りない	49.2%	同居家族の高齢化や健康	17.5%
9	全国的なグリーン・ツーリズムとの連携	47.6%	人手が足りない	17.5%
10	地域の人の理解がもっと必要	46.0%	接客のしかたの改善やレベルアップ	17.5%
11	接客のしかたの改善やレベルアップ	46.0%	浴室やトイレの改善やレベルアップ	15.9%
12	インターネットを使えない	46.0%	後継者がいない	12.7%
13	お客さんが少ない	44.4%	民宿に関する法律の知識を得たい	12.7%
14	財務の知識がない	38.1%	財務の知識がない	11.1%
15	宿泊料金を上げたい	33.3%	お客さんが少ない	7.9%
16	後継者がいない	30.2%	誘客方法が分からない	7.9%
17	宿泊料金の決め方がよく分からない	30.2%	民宿が経営的に赤字である	6.3%
18	誘客方法が分からない	25.4%	宿泊料金の決め方がよく分からない	6.3%
19	民宿が経営的に赤字である	23.8%	税の申告のしかたがよく分からない	6.3%
20	税の申告のしかたがよく分からない	22.2%	宿泊料金を上げたい	4.8%
21	民宿をやってることに対しての嫌み（あてこすり）を言われることがある	20.6%	金儲け主義のように言われる	3.2%
22	民宿をやっていることで、変わった人のようにいわれる	14.3%	お客様へのクレーム対応方法	1.6%
23	お客様へのクレーム対応方法	11.1%	民宿をやってることに対しての嫌み（あてこすり）を言われることがある	1.6%
24	金儲け主義のように言われる	11.1%	民宿をやっていることで、変わった人のようにいわれる	1.6%
25	民宿をやっていることが地域の中で一人勝ちしているように言われる	11.1%	特別な理由が無いのに、地域の方からお客様についての苦情を言われることがある	0.0%
26	特別な理由が無いのに、地域の方からお客様についての苦情を言われることがある	7.9%	民宿をやっていることが地域の中で一人勝ちしているように言われる	0.0%

「政策」という大局的俯瞰的な視点から見落とされる課題です。それは、農村地域で新しい取り組み、つまり民宿を開業することは、大なり小なり地域内での軋轢（とまではいかなくても精神的な圧力）が存在するという現実です。

アンケート表Ⅱ3の「課題と思うこと」から「非常に課題と思うこと」で並べ替えると、「地域の人の理解がもっと必要」が10位から5位にアップしてきます。

この課題はあまり表舞台では論じられません。しかし、「地域活性化の主体や担い手」が地域の中で肯定的に認められないような状況はとても「地域ぐるみ」の推進ができているとは言えないでしょう。

ある民宿経営者は、「行政が『農家民宿を重要な取り組みとして認めている』ということが住民に示されるだけでも、経営者の苦労はずいぶん報われるのです」と言いました。身近な行政（市町村）の出番は広報や誘客よりもむしろここです。集落や地域の住民に農家民宿（農山漁村ツーリズム）の目的や効果への理解をしてもらうことは行政こそができる効果的な支援で、実はあまり予算を必要としないのです。

「ヨーロッパにはもともと余暇時間を田舎で過ごす習慣があったので農家が宿泊業を営むのに抵抗はなかったのだろう」という意見があります。そういう背景のない日本では農家民宿は発展しないのではないか、と言いたげです。

しかし過去の調査結果によると、ドイツでも20年ほど前、民宿を始めた女性が農業団体幹部から「ドイツ農民魂を忘れたか」と嫌味を言われたというエピソードがありました。農家がサービス業（＝民宿）を始めることに対して先進地といわれるヨーロッパでも根強い抵抗や無理解があったことが分かります。

現在のドイツの農村ツーリズムもけっして楽々と進んだのではありません。このような苦労を行政や支援団体のサポートによって乗り越えた結果です。そう考えると、日本でも農村ツーリズムが定着していけるはずです。

(3) 情報発信／アクセス

1章でも述べたとおり、「農家民宿」はあまり知られていません。

アンケートで「あなたが最も効果があると思うPR方法はなんですか」への回答は、半数近くが「口コミ」でした。その次が「(自分の) ホームページ」で、この二つで8割を超えます（表Ⅱ4）。他のアンケート[3]や経営者に直接インタビューしてみても同じ答えが

表Ⅱ4　農林漁家民宿おかあさん100選アンケート設問「あなたにとって一番有効と思う宣伝・誘客方法はなんですか」への回答

方　法	有効と思う
口コミ	47.6%
ホームページ	36.5%
市町村のＰＲ	12.7%
観光協会のＰＲ	7.9%
マスコミ	4.8%
都道府県のＰＲ	4.8%
旅行雑誌	1.6%
その他	4.8%

返ってきます。これまで膨大な数のガイドブック、チラシが作られ、ＨＰが開設されてきたことを思うと、少し微妙な気持ちになります。

情報発信は難しいという過去のエピソードです。

２００５年に実施されたニーズ調査[4]を見てみましょう。調査では「団塊の世代の男性」「団塊の世代の女性」「団塊の世代ジュニアの男性」「団塊の世代ジュニアの女性」の４区分で「分析をした結果、ターゲットとしてのポジションが一番高くなったのが「団塊の世代ジュニアの男性」でした。今から思うと、現在の田舎暮らしブームを支えるのは40代の男性（ファミリー）と言われますので、それとぴったり符合する結果です。しかし、これまで実際に行われたＰＲ活動は、シニア世代や若い女性を意識したものが多かったと思います。片思いのような情報発信の姿が見えてきます。

今はＳＮＳ、ブログというネット上の口コミを活用する方も多くなり、情報発信も情報受信も昔より容易になりました。その一方で100選アンケートの「課題と思う（非常にそう思う）」の１位は「インターネットが使えない」という悩みです。これからが本番となる情報発信において悩ましい課題です。

（４）予約・キャンセル対策・決済

お客さまにとってアクセスが容易なのは何といってもネットですが、ネットでの情報にアクセスしにくいのが農家民宿の誘客の課題と言われてきました。

例えば、ネットで農家民宿を探している人がいるとしましょう。「グリーン・ツーリズム」あるいは「農家民宿」で検索すると、まず出てくるのは都道府県のＨＰや観光協会のＨＰです。そこからあれこれ経由してやっと「民宿」のページに辿り着きます。なかなかの回り道です。一つのページで探せて、ついでに予約、決済までできれば、お客さまにとって農家民宿への敷居はぐんと低くなるでしょう。

しかし、ネット予約に関しては経営者の中にはまだ不安、不信感があります。

ベテランの経営者の方々の多くが「ネット予約は声が聞こえないから」と言います。民宿経営をある程度続けていくと、予約のお電話の声で、相手の性格や志向がかなりの正確さで分かるそうです。「何か気にかかる」と思いながら予約を受け、お客さまが到着、お帰りになった後で「予感が当たった」「やっぱりミスマッチだった」という経験を積み重ねた結果です。

これと併せてキャンセル対応やカード決済など、まだまだ課題が残っています。

3「農家民宿の魅力把握調査」（２０１２年実施）オーライ！ニッポン会議の結果でも、「予約のきっかけ」は「人に紹介されて35％」、「インターネット29％」の順に多い。

4「都市生活者を対象にして日本の農家民宿のサービス水準等に関するニーズ調査報告書」（２００６年３月）（財）都市農山漁村交流活性化機構

今後は、旅行業者や予約サイトとの付き合い方も考えなければならないと思います。そして小さな経営体が資源消費型のマスツーリズムに翻弄されないためには、ＤＭＯなども必要になってくると思います。

(5) 支援組織

農家民宿経営者アンケート「課題と思うこと」の回答上位に、「食事の改善やレベルアップ」、「民宿に関する法律の知識を得たい」、「客室の改善やレベルアップ」、「浴室やトイレの改善やレベルアップ」が並びます。

経営者は自分の民宿の品質の向上にアドバイスや融資を必要としています。「ワンストップでサポートをしてくれる相談先が欲しい」という要望に応える組織が必要です。

3 「生きがい重視」という指摘

こういう苦労をしながら地域で頑張っている農家民宿に辛口の指摘があります。

「それは日本のグリーン・ツーリズムは運動論にとどまっている」「農村女性の起業はもっぱら農山漁村の女性のエンパワメントのために推進されてきた」というものです。また農林水産省の農泊推進の資料でも、「従来の地域の目標は生きがいづくりに重点がおかれている」ので「持続可能な産業」を目指す（ことが重要）とされています。

どちらも農家民宿の多くが社会活動に重心がおかれていて経済活動（ビジネス）になっていない（その意識が低い）と言っています。

アンケートを見てみましょう。

持続可能な経営を支える基本的な要素は2つ。「経営者のモチベーション」と「経済的な持続性（採算性）」です。

この「経営者のモチベーション」が農泊推進資料でいうところの「生きがい」にあたります。そして「経営者のモチベーション」は「自分自身の好ましい変化」や「他の人から評価されること」で強まります。この好ましい変化や他人から受ける評価が「生きがい」ということになります（図Ⅱ3）。

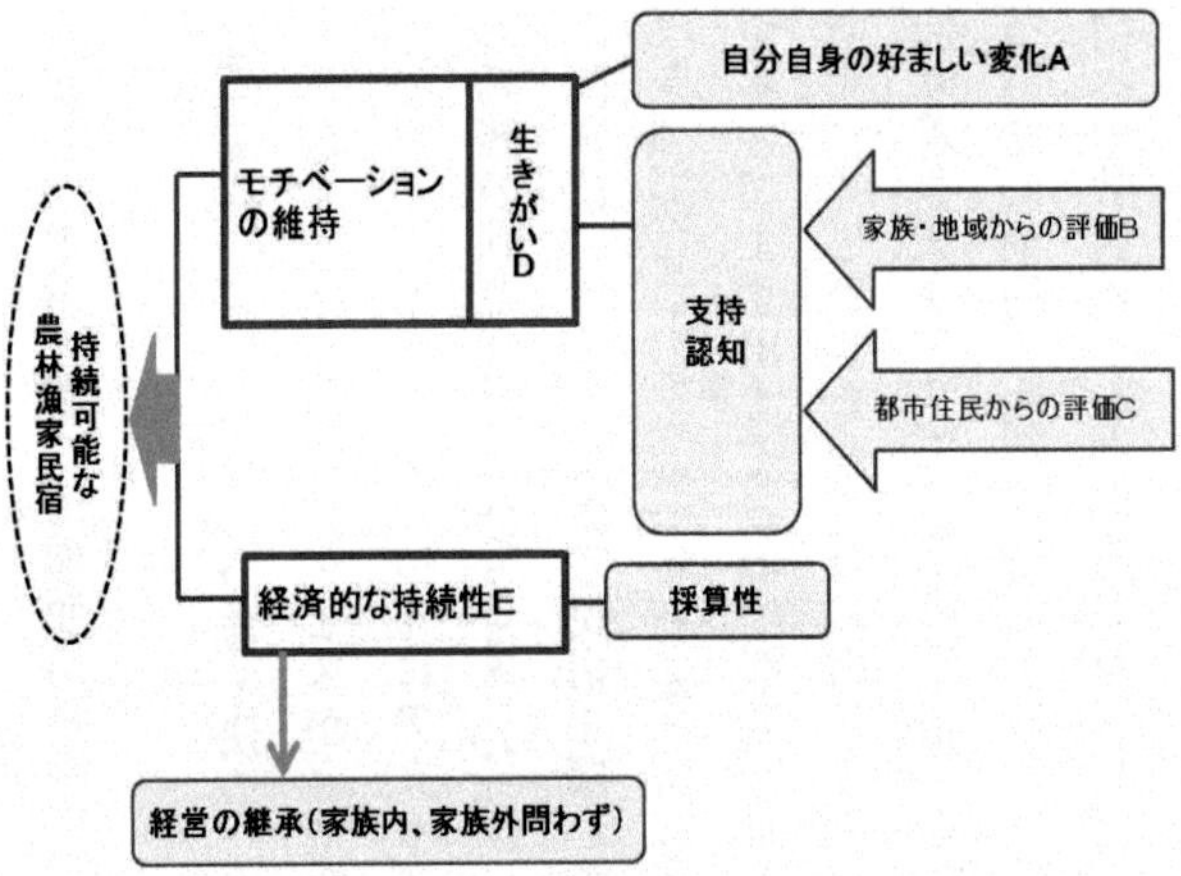

図Ⅱ 3　持続可能な農林漁家民宿のために必要な条件（模式図）

アンケート「開業してよかったと思うこと」の回答結果をこの分類にあてはめてみました。「民宿経営は農林漁業を継続していく支えになっ

表Ⅱ 5　農林漁家民宿おかあさん100選アンケート
設問「あなたが農林漁家民宿を開業してよかったと感じることはなんですか」への回答

内容	そう思う	分類
交流によって自分が成長する	100.0%	A
お客さんの感動が嬉しい	100.0%	C
自分の地域の良さを確認する	98.4%	D
料理や食材への評価が嬉しい	98.4%	C
生きがいができた	96.8%	D
お客さんが来ると楽しい	96.8%	D
お客様によって見聞が広がる	96.8%	A
自分の人脈が広がった	96.8%	A
農山漁村のくらしに価値があることを感じる	96.8%	C
農林水産業への誇りが持てる	95.2%	C
経済的な効果は少ないが心が豊かになる	95.2%	A
農山漁村が評価されて嬉しい	95.2%	C
毎日が充実している	93.7%	D
家族が増えたような感じがする	92.1%	D
家族の絆が強まった	88.9%	B
地域の人に喜んでもらえる	88.9%	B
地域内で自分の役割ができた	87.3%	A
民宿業は、農林水産業を続けていく支えになっている	87.3%	E
家計の助けになる	81.0%	E
同じ取り組みをする仲間ができた	81.0%	B
生活の中の技術（しめ縄づくりや農産加工、薪割りなど）への評価が嬉しい	76.2%	C
家庭内で自分の発言力が強まった	74.6%	B
農林水産物（農林水産物の加工品）が売れるようになった	69.8%	E
民宿の収入で自分名義の通帳ができた	55.6%	E
民宿の収入で家族の希望をかなえてあげられた	55.6%	E
子どもがよく帰省するようになった	52.4%	B
子どもが家に帰って暮らすようになった	38.1%	B

【分類】
A：自分自身の好ましい変化
B：家族や地域からの評価
C：お客さまからの評価
D：モチベーションの維持＝生きがい
E：経済的な持続性（採算性）

ている」87％「家計の助けになっている」81％という経済的な効果も確認できましたが、全体としては「生きがい」に関する項目が上位になり、「経済的な持続性」に関する項目での満足が低いという結果になりました。（表Ⅱ5）

「地域へ貢献したと思う理由はなんですか？」への回答もこれと同様でした。「地域の活性化に役立っているから」、「人が来ると地域が活き活きするから」、「地域が注目されるようになったから」、「都市の方との交流の良さが分かってきたから」が上位を占め、「地域に雇用が生まれるから」「地域内の経済にプラスになっているから」という「経済的な貢献」は下位でした。（表Ⅱ6）

たしかにアンケートでも「生きがい」重視を感じさせる回答になっています。

表Ⅱ 6　農林漁家民宿おかあさん100選アンケート　設問「あなたの民宿経営が地域に貢献していると思う理由はなんですか」への回答

地域に貢献していると思う理由	回答数
地域の活性化に役立っているから	85.7%
人が来ると地域が活き活きするから	85.7%
地域が注目されるようになったから	84.1%
都市の方との交流の良さが分かってきたから	82.5%
地域の人が地域の文化を見直すようになったから	69.8%
地域の産物が売れるから	65.1%
地域の美化につながっているから	63.5%
地域の農水産物への評価が上がってきたから	63.5%
地域内に同じ取り組みをする人が増えてきたから	61.9%
地域内の経済にプラスになっているから	60.3%
地域の産物に付加価値が付くから	57.1%
女性の組織力が強くなったから	49.2%
地域に雇用が生まれるから	36.5%
その他	3.2%

4　持続可能な農家民宿経営とは

農泊推進資料に示される「持続可能な産業になる」とは、農家民宿がどうなればよいということなのでしょうか。

全国でよくあるエピソードですが、たとえば、ある地域で一軒の農家民宿が開業したとします。何年か経って経営が軌道に乗りお客さまの数も増え始めると、「この地域内にもっと民宿があればよいのに」という声が地域協議会や行政から出始めます。「地域全体に広がる受け入れ体制を作りたい」という声が出てきます。経営者本人も、同じ地域内に農家民宿が増えればいいのに、と思うようになります。

うまくいけば一度都会に出てしまった若い人たちが地域に帰ってくるかもしれない、地元住民同様に地域を愛する新規就農者たちが農村観光にチャレンジするかもしれない、と夢はふくらみます。「持続可能な経営」は「引き継いでいける経営」と言いかえることもできます。

しかし、それがどんなに充実感があるものだとしても、採算性がはっきりしないようでは、開業してみませんか、と勧めるわけにはいきません、就業機会、ビジネスと呼べるものではありません。

民宿の経営継承についても同じことがいえます。

アンケート「開業してよかったと思うこと」の回答結果と「後継者の有無」との関係を調べてみました。すると、後継者のいる（あてがある）民宿では「経済的な持続性」への満足度が高いという結果がでました。「経営者のモチベーション」と「経済的な持続性（採算性）」が「持続可能な経営」につながることを示唆しています。

その一方で気になることを耳にします。

最近、各地で「休業している」「営業を止めた」という事例が出始めています。高齢や病気などやむを得ない事情はともかく、「健康に支障はないのだけれど思ったような経営ができなかったから」という声を耳にするととても残念です。休業にまでは至らなくてもずっと「疲れ」を感じている、という話は以前からあります。「楽しいのに疲れを覚える、それは収入面で手ごたえがないからです」とはっきり言う方もいます。まるで無償ボランティアのようだと感じる方、次世代への継承を悩んでいる方、経営をどうしようという声が次第に聞こえてくるようになっています。

農家民宿の規制緩和が始まった2003年から、農家民宿の開業が一気に進みました。さらに体験型教育旅行の推進と同時に宿泊先として開業を促す動きもあり、統計上農家民宿数は増えています。

研修会や講演会でも、「採算性、事業の継続性」がテーマに取り上げられることがあります。しかし、経営の収支はプライベートな情報ですし、採算性を正面から取り上げた調査や研究もまだ十分ではなく[5]議論は深まらないまま終わっています。

この傾向はグリーン・ツーリズム初期の行政の指導資料にも見られます。「民宿開業マニュアル（ドイツバイエルン州）」と「普及員のための農家民宿開業マニュアル（日本の農林水産省）」を比較してみると、バイエルンのほうには資金計画や経営、誘客に関する具体的な記載があるのに対して、日本のほうは「何を提供するのか」「地域での推進組織の作り方」「民宿開業手続き」に多くのページが割かれています。

「強く勧められたから開業したのだけれど、どのように経営していけばいいのか相談先が無い」という声があります。これは私自身の反省も込めてですが、かつては民宿数を増やすことに熱心でしたが、その後のサポートは充分ではありませ

5 農家民宿の経営分析、経営指標に触れたものとしては、山口県「農家民宿開業の手引き（2010）」、澤真知子（2000）「十勝における農家民宿の経営方向」『北海道農村生活研究会報』第10号、高知県「農家民宿の原価を計算してみませんか」、などがある。

んでした。経営者の方々に重荷を負わせてしまったり心細さを感じさせてしまったり、ということが多々あると思います。

もちろん、経営は経営者自らがやっていくものというのが原則だろうと思います。農泊推進資料にも「生きがい」重視から「持続可能へ」とは書かれていますが、誰かがやってきて経営をしてくれるわけではないのです。自分の努力で自立していかねばならないのです。

農家民宿はホテルや旅館と違い、農業とサービス業が併せ営まれています。

ある経営者は「民宿がなかったら農業を続けていくことはできなかったし、逆に農業がなかったら農家民宿はできなかった」と言っています。これこそが持続可能な農家民宿の姿。私はこうなることが農家民宿の理想の形だと考えています。

地域に根ざした産業、文化や景観を形作ってきた産業やくらしを民宿の内部に持っているということは、農家民宿の「強み」です。しかし、それが同時に「やりにくさ」や「難しさ」を生んでいることも確かです。

第Ⅲ章　農家民宿の経営……ここが気になる

1　気になる4つの言葉

農家民宿の経営を考えるうえで、私がずっと気になっている言葉がいくつかあります。その中から

○「儲けるためにやっているのではない」
○「私たちはプロではない」
○「本物でないといけない・ありのままでよい」
○「お客さまと対等の関係」

の4つについて考えてみます。

(1)「儲けるためにやっているのではない」

グリーン・ツーリズムや農家民宿に関わったことのある人の多くが、「農家民宿はお金を儲けるためにやっているのではありません」という言葉を聞いたことがあると思います。もちろん、「損をしてもいい」という意味であるとは思えません。この「儲けるためにやっているのではない」という言葉の背景には何があるのでしょうか。

前章で確認したとおり、多くの経営者は民宿経営によって「地域を元気にしたい」「都市の方との相互の理解を深めたい」という志を持っています。このような考えを持って頑張っている経営者の方にとって、自分の経営を「所得」「利益」の金額だけで評価されることは本意ではないでしょう。いきおい「儲けるためではない」と言ってしまうことも多々あるようです。

またこれとは逆に、経営を始めたばかりでまだお客さまが少ない方が気後れを感じてこう言ってしまうというケースも見ました。

もともと日本の社会では「お金儲けを人前で語ること」をよしとしない風潮があるので、収入や所得の話をするのには皆慎重になります。そういうこともあって、これまで農家民

宿の取り組みはもっぱら「精神的な充足」「社会的な意義」で評価され、収支や採算性についてはあまり触れられてきませんでした。

「儲けが目的ではない」という言葉にはいろいろな意味がこもっています。込められた思いは深く、とても大切なものです。しかし、いったんそう口に出してしまうと、「経営をどうやってうまくやっていくか」という話を続けることができなくなります。

「経営の数字の把握」や「所得の金額」「お金の回転や流れを知ろうとすること」を止めてしまってはいけません。

農村ツーリズムの経済活動で賃金を得て、さらに「利益」が出れば、それは次の再生産のための資金になります。そう考えますと、「農家民宿の利益」は単に一個人の経営の「儲け」ではありません。その地域全体の「儲け」でもあり、自然や文化というかけがえのないプライスレスな資産価値を維持することにつながっています。農家民宿の「お金儲け」はとてもいいことなのです。

(2)「私たちはプロではない」

「プロではない」という言葉もよく聞く言葉です。ここにも様々な意味が込められていると思います。「儲けは…」と同様「お金や収入に関する複雑な感情」も少し含まれていますし、「建物が宿泊客専用のものではない」「設備がプロ仕様の高度なものではない」ということもあります。さらに、私たちの本業は農家だから「洗練された接客技術を身につけていない」「接客のノウハウを持っていない、持って(身につけて)いなくても仕方ない」という気持ちもあると思います。

施設や設備についてこう思いたくなるのも仕方ない面もあります。これまでの農家民宿推進の施策の中心であった「規制緩和」は、投資を最小限にして開業を促すねらいがありました。規制緩和型民宿は規模が小さく、また施設や設備は家庭仕様か家庭用と共有というところが多いのです。

またグリーン・ツーリズム推進の初期に、「農家民宿はありのままがよい」と言われてきた時期がありました。農家の日常はお客さまにとっての非日常、そこがお客さまに喜ばれるのだから、「金銭的にも労力的にも無理してまで日常に手を加えなくてよい」という言葉が全国のグリーン・ツーリズム勉強会で言われていました。

洗練された接客でなくてもよい、素朴であってもよい、「お客さまは何よりも農村や農家を体験したいのだから」と励ましてくれた行政担当者やコンサルタントもいました。

「プロではない」という言葉の中には、「気後れや謙遜」と「ありのままでいいのだ」と思いたい気持ちが混じっています。

しかしそこから、「接客も施設の管理も家庭生活レベルで可」という誤解が生じるケースがありました。体験学習のホームステイやワーキングホリデーならあるいは許される範囲もあるかもしれませんが、対価をいただくという面からも、経営の持続可能を考えるうえでも、いつまでも「アマチュアだから許して」であっては困るのです。衛生面、リスク管理、人権（ハラスメント）への配慮がきちんとなされていれば、多少ぎこちない接客や質素な施設でも「私はプロです」と胸を張れると思います。

（3）「本物」と「ありのまま」

「ありのまま」と同様に、よく言われてきたのが「本物」です。「お客さまは本物を求めている」「本物であることは他の真似できないこと」とも言われてきました。本物の農林漁家に泊まるということは、お客さまにとってわくわくすることで、第Ⅰ章で確認したお客さまの声はそれを証明しています。

農村ツーリズムは単一化した作物栽培や効率化といった農業とは対極にある農業・農村を活かそうというもので、まさに三澤勝衛のいう「風土産業」です。

しかし「本物」は一度疑ってみる必要があると思います。何かの定義（たとえば原産地呼称のようなもの）があるのなら別ですが、たいていの場合「主観」に左右されるからです。

つまり、お客さまが思う「本物」と経営者が思うそれとは同じでないかもしれない。特にトイレやお風呂に関して、そのすれ違いを示すエピソードがたくさんあります。

私は、農村ツーリズムでの「本物」は第1章で述べたように、「少し広い概念でとらえたテロワール」、「そこだけの、その土地だけの、個性やアイデンティティー」の中にあると理解した方がよいと思います。誤解を恐れずに言えば、「本物」「ありのまま」は受け入れ側の一方的な思い入れの中でなく、「失いたくないものをどう活かしていくか」という戦略の中に置くと、発展につながっていくと考えます。

（4）「お客さまと対等」

この言葉もまた、グリーン・ツーリズムや農家民宿に関わったことのある人の多くが一度は耳にした言葉だと思います。

サービス業というものは「それを買っていただくためには、プライドを抑えた我慢や媚びへつらいをするもの、一方的に奉仕をするもの」。しかしグリーン・ツーリズムはそういうものではない、ということだそうです。でも、一度想像をしてみてください。もしお客さまが「対等」と聞いたとしたらどうでしょう。「それ何？」と思うのではないでしょうか。

農村ツーリズムでは、地域資源がお客さまから評価されることによって地域は誇りを取り戻します。「この地域この空間があり続けて欲しい」と地域とお客さま双方が同じことを思う。これこそ農村ツーリズムの肝です。同じ思いを持つことを「対等」と表現するのはそんなに間違ったことではないかもしれませんが、サービスやもてなしとは別の次元の話です。私は「対等」は「共有」と言いかえればすっきりすると思います。また「共有」すれば「本物」についての意識のすれ違いも少なくなるでしょう。

「対等」とともによく言われているのが、「グリーン・ツーリズムは観光ではない」という言葉です。これもまたお客さまからすれば行動だけを見れば「観光」であって、農家民宿も観光商品のひとつであることに変わりはなかったのです。では従来の観光と異なる点があるとすれば、それは何か。第II章で見たお客さまのエピソードからは、マスツーリズムでなく通過型でもない、新しい「観光」の可能性が見えてくると思うのです。

気になる4つの言葉は、互いに絡み合って経営者や関係者の心にひっかかってきました。たしかにそれが、農家民宿が「ビジネス」になることを阻んできた面もありますが、農家民宿経営の核心の部分に触れているのも確かです。

だから、こうした経営者の複雑な心境から出ている言葉を額面通り受け取ると、農家民宿の可能性を見逃してしまうことになります。例えば農業経営の実態や農村の人間関係を抜きにして「儲けるためにやっているのではない」という言葉だけを取り上げることが、農家民宿の過小評価や手厳しい指摘につながっている面もあると思うのです。

2　経営は持続可能か

(1) あなたのお宿の「料金」、どのようにして決めましたか

価格を決める時にはいろいろな要素を考慮しますが、大きく分けると、「原価」、「顧客の需要」、「相場」の3つです。

①「原価」：その商品の製造や販売の過程でかかったコストの合計に一定の利益を見込んで決める。

②顧客の需要：お客さまが買ってもよい（買いたいと思っている）価格。値ごろ感、リーズナブルと感じる価格。

③相場：同業の競争相手の価格の動向に基づいて決める。

あなたの民宿の宿泊料はどのようにして決めましたか、と経営者の方々に尋ねてみました。

一番多いのが「相場」です。同じ地域の民宿や先進事例を参考にし、「同じ料金かそれより少し安くしました」という答えです。

「原価」を意識して決めたという方はたいへん少ないのが現状です。例えば、融資を受けるにあたって経営計画を立てた方、また、農家レストランやイベントでの食事提供の経験があって「食事代」の原価計算をしたことがあるという方などです。「顧客の需要」は見当もつかないというのが正直なところでしょう。今の我が家の「宿泊料」をお客さまが適切だと納得しているか、「リーズナブル」と感じているか。経営者の不安はそこにあります。

例えば、「うちは離島だから他の地域よりも交通費が余分にかかります。それを支払ってまで来てくれるお客さまから高い料金をいただくのは気が引けます」という話を聞いたことがあります。民宿のお客さま感想ノートには「こんな鮮度の魚や野菜は都会ではぜったい食べられない」「風景と空間が最高」と満足の声がいっぱい書かれていました。ここに来ない

と食べられないし体験できない、ということをよく分かっているお客さまたちです。もう少し値上げしても不満はないように思いましたが、経営者は決心がつきかねる様子でした。

お客さまの満足を測る指標と言われる「リピート率」。リピート率が高いから安心。これも要注意です。質とボリュームに対して料金が安ければ安いほどお客さまの満足度は高いでしょう。でも、数字で見てみると原価割れをしている危険性があるのです。

私がアンケート調査をした時点の「農家民宿おかあさん100選」認定者の民宿の宿泊料（1泊2食）は5，000円～14，000円と大きな幅がありました。皆、悩みながら「価格」を決めてきたことがうかがわれます。民宿の設備や施設、食事のメニューによって金額が違うのはおかしなことではありません。

ただ実際に泊まってみると、これではあまりに安すぎるのではないかという例に出合います。私は農家民宿の「相場」はもう少し高くてもいいのではないか、と思っています。

（2）こんなに費用がかかっている！　忘れがちな費用、意識していなかった費用

今から20年前の資料「農林漁業体験民宿新規参入マニュアル　うぇるかむ日記（1998年農林漁業体験協会）」によると、

食材費は

○1泊朝食のみ（B&B）では宿泊費の10％以内

○1泊2食付きでは宿泊費の25～30％以内

宿泊料金は

○1泊朝食のみ（B&B）では3，000円～4，000円

○1泊2食付きでは6，000円

が目安とされています。

同マニュアルでは、2部屋、4人利用、稼働日数60日として、6，000円×4人×2部屋×60日＝144万円＋α。所得率40％（経費40％、材料費20％）とすると、所得は50～80万円となり、パート賃金に相当する所得になると記載されています。

私の経験から見積もった1泊受け入れにかかる労働時間は9時間なので、それをこの目安を当てはめると、地方の最低賃金以上の時間給は確保できることになります。

しかし、同マニュアルは20年前のもの。いくらデフレ時代とはいえ諸経費の値上がりもあるだろうし、今の時代で6，000円は安すぎるのではないかと思えてなりません。

農家民宿にかかる費用を書き出してみました。こんなにもたくさんの種類、項目があります。（表Ⅲ1）

ところが経営者の方によく聞いてみると、「計上し忘れている費用」「気づいていない費用」があることが分かりました。

①自給するものにかかった費用

農家民宿の「食材費」には、「購入する（仕入れる）食材」と「自分で作る・採ってくる食材」があります。後者を「自給食材」と呼びましょう。

農家民宿の「自給食材」には大きく分けて3つあります。家業の農林水産業の産物（出荷できるレベルのものも、出荷できない規格外品もあります）、「自家菜園で栽培した農林産物」、「山や川、海から採取してくる魚や山菜など」です。

これらは、食材（原材料）を自ら生産し自然の恵みを利用する農家民宿ならではの費用です。自給食材費は私の調査[1]では、お客さま1人・1泊あたり500円から、多いところは3,000円近くかかっています。ところが実際に調べてみると、自給食材費を意識していない、計上してないというケースがかなりありました。

「買ってきたものではないから」というのがその理由です。たしかに民宿を開業する前は、自家菜園の野菜も釣ってくる天然魚も季節の山菜も、「売り物」ではありませんでした。しかし、自家菜園といえども農作物の収穫までには費用と労力がかかっています。天然魚を釣ってくるのにも山菜を採って

表Ⅲ１　農林漁家民宿にかかっている費用

（１）宿泊受け入れにかかる費用

◆材料費（主に食材費）
◆接客にかかる雇用者への給与
◆水道・光熱費、洗濯費、消耗品、食器・調理用具、保険掛け金（施設賠償、PL）など
◆お客さまが体験する農作業や釣り、加工品づくりなどの体験者用の道具や資材代など

（２）民宿運営にかかる費用

家賃・レンタル料	租税公課	諸会費	通信費
広告宣伝費	接待交際費	保険掛け金（家屋等）	修繕費
減価償却費	福利厚生費	給与・賃金（営業ほか）	利子割引料
衛生費	衣料費	支払手数料	車両諸掛
研修費	事務用品費	会議費	雑費

表Ⅲ２　農林漁家民宿の自給食材にかかっている費用（例）

自家菜園山菜採取等	種苗代、肥料代、薬剤代
	使用期間１年未満、10万円未満の農作業用具など
	使用期間１年未満、10万円未満の農作業（採取）用具代
	10万円以上の用具、機械（乾燥機など）（減価償却）
	10万円以上の農作業（採取）用具代（減価償却）
	自動車（減価償却）
	自動車ガソリン
	自動車修繕費
	その他
天然魚の採取	使用期間１年未満、10万円未満の漁具
	10万円以上の資材（減価償却）
	10万円以上の漁具代（減価償却）
	漁船（減価償却）
	自動車（減価償却）
	漁船燃料、自動車ガソリン
	漁具修繕費
	漁船修繕費
	自動車修繕費
	その他

自家栽培、採取、捕獲にかかる時間も労働時間。
家族労賃、専従者給与を計算する際に考慮します。

1　2005年～2012年 山﨑眞弓調査による。

くるのにも、費用は発生します。

自給食材には表Ⅲ2のような費用がかかっています。どう考えても「タダ」ではありません。

天然魚にも、釣り場に行くための交通用具の費用（自動車の減価償却費、修繕費、ガソリン代）、さらに熟練の技術を伴う時間もかかっているはず。さらに、漁具の減価償却費や修繕費も無視できません。

仮に市場で買ったとしたらいくらになるのでしょうか。（表Ⅲ3）。これを見ると、料亭並みの金額とまではいわなくても、今の金額ではとても足りない、と気づくでしょう。特に漁家民宿に来るお客さまは新鮮なお魚料理を期待しますし、民宿のウリでもあります。しかし、毎回釣果があるとは限りません。天候によっては購入する場合もあります。実際の分析でも、漁家民宿の「原価」は農家民宿のそれより高めになっています。

天然魚に例を取りましたが、自給した農産物（米、野菜、果樹、食肉、卵など）の場合は、生産するための費用（肥料代＋種苗代＋薬剤代＋資材代（ネット、マルチ、ポリフィルム、支柱、農機具代等）がかかっています。

表Ⅲ３　天然魚の市場価格から試算した食材の価格

	単価（円／kg）	１匹あたり重量 (g)	１食あたり使用量 (g)	１食あたり食材費 (円)
天然ウナギ	15,000 ～ 16,000	150	75	1,125 ～ 1,200
天然アユ	5,000 ～ 6,800	140	140	700 ～ 952
天然モクズガニ	1,300 ～ 1,700	180	180	234 ～ 306
イノシシ肉	5,000	–	100	500

「農家民宿では貴重な食材が信じられないお安さで（食べられる）！」というブログや口コミもまだたくさん目にします。たしかにお客さまにとっては好評でしょう。でも、それでいいのかしら？　どこか違うのではないかしら？と思い続けています。「こんな貴重な自然がいつまでも残って欲しいね」と願って適切な対価を支払ってくださるお客さまが形成する小さな農村ツーリズム市場でもよいのではないか、と思うこともあります。

②減価償却費

今まで使っていなかった建物やスペースを有効利用するといっても、宿として使用するとなると、法令等で定められた構造基準を満たねば許可を得ることはできません。また、お客さまに快適に過ごしてもらうための設備も必要になります。さらに、我が家の伝統的家屋を知ってもらいたい、空間も味わってもらいたい、という経営者の思いや、我が宿ならではの付加価値を付けたいということもあります。

農家民宿の初期投資は個々の民宿ごとに大きく異なります。私が調査してきた事例の中には、家屋そのものは全く手を加えることなく2~3万円の開業手続きの印紙代のみで開業できたというケースもありますが、これは希なことで、開業に当たっては大なり小なりリフォームやリノベーション、新たな設備への投資が必要です。

その内容をまとめたものが（表Ⅲ４）です。大きなものでは１，０００万円を超えるもの（伝統家屋の改修費用など）もあります。

表Ⅲ４　民宿開業の際の整備（使用期間が１年以上、費用が10万円を超えるようなもの）の例

①　最低限の改修	客室や設備が支障をきたすほど老朽化、故障している場合の整備。
②　営業許可を得るために必要な設備法令で定められた安全対策	◆火災報知器、誘導灯、非常階段、防炎カーテン ◆調理場、流しの設置、業務用冷蔵庫 ◆浄化槽　など
③　お客さまの利便性や快適さのための整備	◆トイレの水洗化（暖房便座、ウォシュレット） ◆エアコン、網戸、鍵 ◆お客さま専用のお風呂、シャワー ◆お客さまの安心のための個室の鍵、ドアの更新　など
④　付加価値をつけるための設備	◆囲炉裏の改修・新設 ◆ユニバーサルデザイン （入り口にスロープの設置、風呂場に手すりの設置、扉を引き戸に、上り口に腰を下ろすスペース、腰膝に故障のある方のためのベッド）　など

特に①と②は、この整備が無ければ開業ができないわけですから、必須の費用です。開業している方は、なんらかの形で整備・購入していると思いますが、調査してみると、減価償却費として計上するのを忘れていた方もいます。また、減価償却費は、新たな投資にかかるものだけでなく、生活や農林水産業と共用するものの分もあります。この部分は特に忘れがちです。

③修繕費

使っていない部屋を客室にしたとしましょう。将来にわたって経営を続けていくとしたら、「修繕費」も必ずかかります。たとえば、和室の襖や障子の張り替え、畳の更新、小さな修理箇所など。この費用は、活かしていきたい資産の「維持費」と思えば納得です。

④コミッション

10～20％ともいわれる手数料を支払うと「赤字になる！」という話を聞いたことがあります。旅行業者、予約サイトを利用するのは、誘客や決済の用務をアウトソーシングするということ。その費用も想定しておかないといけません。

⑤家族の給与や労賃（労働の対価）

農家民宿はほとんどが家族経営で、多くの雇用を抱える経営ではありません。経営者が同時にスタッフです。そして、こまごまとした労働が家族で分担されています。その結果、労働や賃金への意識が薄くなりがちです。

経営調査をしていて、「いつも接客を担当されているご家族の給与（賃金）はおいくらですか」と質問すると、「すっかり忘れていた」という答えも多いのです。自分の労働についても、「お客さまとお茶をいただきながらの語らいは楽しいひと

ときで、かつてのつらい農作業とは大違いです」というように、接客を労働と捉えることに抵抗を感じるという経営者もいます。

私がなぜこの給与・労賃に着目するかというと、経営の持続可能を考えるとき、洗濯や掃除その他の労働をアウトソーシングする可能性を予見するからです。これは地域への雇用創出という面でも重要です。

3　農業の経営多角化とは

農家民宿は農林水産業とサービス業が併せ営まれています。農業を補完する収入であるという点は同じですが、副業でもなければ兼業でもない。農家民宿の経営は、それだけで判断するのではなく、農林水産業と併せて総合的に見ていくことが大切です。

「民宿はちょっぴり赤字だけれど、お客さまがそれを上回るくらい農産物を買ってくださるから、農業と民宿トータルで見ると所得は増えている」という経営があります。

アンケートでは、民宿収入が農林漁業収入を上回っていると回答した人は全体の54％でした。ヨーロッパでも民宿収入は農業を継続させる収入と認識されています。この点はとても重要なことなのに、「農林水産業」と「農家民宿」はよく切り離されて考えられています。

これまで、民宿収入は「副収入」「主婦のお小遣い」と呼ばれてきました。しかし、農家民宿は、「自家生産物に付加価値をつけて販売（提供）すること」であり、その点は六次産業化といってもよいと思います。しかも農村ツーリズムという流通チャネルは、「地域に消費者が来る」という点で、従来の農産物や六次産業化の加工品製造販売とは一線を画しています。

農産物販売や加工品販売のマーケティングでも「作り手の顔が見える」というようなことをよく言いますが、農村ツーリズムでは「顔が見える」どころか「作り手自らが商品の中に含まれて」います。

「生きがい」という言葉のよくない点は、実はこの重要なことを見えにくくしてしまうことでもあるのです。

4　100万円の壁がある？

実は以前から、年間の宿泊客数100人を超えるあたりから経営者の方が採算性が気になり始める傾向があるのを感じていました。これは実際の収入に換算すると80万円から100万円のラインです。気のせいかと思っていたら、子どもの農山漁村宿泊体験でも同じようで、「受入れ意向が高まるのは、「(収入が）年間100万円から」という農林水産政策研究所のレポート[2]があります。

2 子供の農山漁村宿泊体験、民泊の9割以上が少額収入、受入れ意向が高まるのは「年間100万円以上」―農林水産政策研究所2015年7月24日

「平成21年度農村女性による起業活動実態調査」（2010年9月3日　農林水産省経営局人材育成課）では、「今後、経営改善につながる取組として必要なこと」という設問に対して、年間売上金額1，000万円を超える経営体がそれぞれに自分たちの経営の課題を提示しているのに対し、「現状維持でよい」との回答は年間売上金額300万円未満の（小規模の）経営体が約6割を占めています。ここでは、売上300万円未満、1，000万円以上のラインで経営の意識が違います[3]。

どうやら、一定の金額を超えて初めて「採算性」や「経営」を意識するようになるようです。赤字が無視できない金額に達するのがこの金額なのか、あるいは「まとまった収入」を実感するのがこの金額なのか、理由は明らかではありませんがたいへん興味深い現象です。

そして、このことを裏返して考えると、「儲けようとは考えていない」と答える人も一定以上の収入に達すると「自分の経営が持続可能か、持続可能にするにはどうすればいいか」、つまり「ビジネス感覚」を持つようになることもあるということです。

「生きがい重視」とか「交流重視」と指摘される傾向はたしかにあるのですが、適正な価格設定や経営目標といったものを考える機会があれば、積極的に経済活動に踏み出す人はもっとたくさんいると考えられます。

---

3 平成21年度農村女性による起業活動実態調査（2010.9.3　農林水産省経営局人材育成課）

第Ⅳ章　新時代がやって来た

1　変化はもう始まっている

第Ⅱ章と第Ⅲ章で、現在の農家民宿の現状、特に悩みや課題について見てきました。

近年の「農泊」推進の背景には、インバウンドの増加、観光の推進があります。旅行会社や予約サイトが連携した誘客の動きも活発になってきています。こうした取り組みが効を奏して国内外からのお客様が増える、それは誘客に苦労した時代からみればまさに「新時代」です。

新時代にむけて農家民宿の開業を推進する動きもあります。実際に、民宿開業や運営を容易にするアイデア・提案としては、「一棟貸し」や「食泊分離」などがあります。

また、新しい組織や団体が今後いろいろな「農家民宿」支援を行うようになるという話も耳にします。

このような新時代の動きは、農家民宿の持続的な経営にどのような影響があるのでしょう。これまでのエピソードや経験をもとに考えてみたいと思います。

キーワードは、「負担とリスクを見極めること」だと思います。

「民泊」の規制緩和、インバウンド等の動き、労働力対策としての農村ワーキングホリデーの再評価と、農村での滞在をめぐる動きが最近特に活発になってきています。

日本では、海外から評価されて初めて今まであったものの価値に気づくということがよくありますから、外国からのお客さまが増えると、農家民宿への注目度が上がることも考えられます。それと同時に、多彩な宿泊施設のなかの「農家民宿」ってどういう宿なの？　私の民宿はどういう宿であればいいの？という自問自答をすることになるかもしれません。

お客さまが増える（稼働日数と利用客数）

「お客さまが増える」ことは「初めて来るお客さまが増えてくる」ということでもあり、「今までとは違うお客さまが来る」ということでもあります。

利用客が増えるのは嬉しいことです。しかし、単純に喜んでばかりはいられません。増える人数を受け入れるにはそれなりの労力もかかり、費用が増える可能性もあるからです。

書店には、「飲食業の経営」「こうすると儲かるレストラン経営」というような名前のノウハウの本がたくさんあります。少ないですが「宿泊業」についての本もあります。こういう飲食業・宿泊業マニュアルでは売り上げを上げる方法としてまず、「お客さまの数をいかに増やすか」「いかに回転数（稼働率）を上げるか」について書かれています。

しかし、農家民宿ではそれが簡単ではないかもしれません。例えば、農家民宿には「1日1組のお客さまに限って受け入れる」としている宿が多いです。その理由として、「農家民宿はお客さまとのふれあいを重視するものである」から複数客は受け入れないという考え方もありますし、「客室が小面積である」「客室が複数客を受け入れる構造になっていない」「労力面で複数組のお客さまに対応できない」「家業の農林水産業の繁忙期には受け入れをできない」という事情もあります。

農泊や農村観光を進める場合、誘客さえできれば経営安定につながると思われているようですが、農村に来るお客様は増えても、各農家民宿で受け入れることのできるお客さまの数は変わらない、そういうケースもありそうです。

お客さまが変わる

外国人客が増えてくる気配はかなり前から始まっています。外国語パンフや設備の使用説明書を作っている民宿もあります。外国人観光客からは「シャワーはあるか」という問い合わせがよくあります。あんなに工夫して造った眺めのいい湯船なのに、「バスタブはむしろいらない」と言われたというエピソードもあります。

このように生活様式の異なる人が増えてくると、今までは必要ないと思ってきた備えや配慮が必要になるのではないかと心配する声も聞きます。

それに、最近では外国人よりも都会の生活者のほうが「変化」が大きいかもしれません。

お客さまの生活空間、衛生環境への要求水準が上がってきているというエピソードは多いです。例えばウォシュレットが普及し、お客さまの日常生活ではそれが当たり前になってきました。あるお宿では、ウォシュレットを新設したところ、長年のリピーターさんが「良かった。実はこれまでちょっとトイレがつらかった」と言ったそうで、なんとも複雑な思いをしたそうです。

お風呂についても同じです。お客様専用のお風呂はかならずしも必要ではありません[1]。しかし、開業後にお風呂を新設する事例がけっこうあります。これも、お客さまの様子から察して、ということが多いと聞いています。

標高の高い山間地の宿でのことです。同じ地域のどの民家にもエアコンはほとんどないくらい快適なのですが、開業後1年もしないうちに各部屋にエアコンを設置しました。理由は、「虫が入ってくるのが怖いので窓を閉めて眠りたい」とおっしゃるお客さまが驚くほど多かったから。また、田舎では鍵を掛けずに眠る家が多いのですが、「それが不安でたまらない」とおっしゃる方もいたそうです。

また、グリーン・ツーリズム当初は「携帯が通じないというのもまた農家民宿の味わい」と言っていたお客さまもいたのですが、今や状況は一変しました。WIFI環境も今や標準装備になりつつあります。

お客様を受け入れるのにあたって、なにより重要なのが「安全」です。

「自然や農業に不慣れなのは分かるけれど都会の方には驚かされることが多いのよ」と、初めて農家民宿の経営者から聞いたのは15年以上前です。切り出しナイフの使い方が分からない、マッチで火をつけたことがないのは序の口で、これくらいは知っているだろうが通じない。それでも当初は、田舎に慣れていないお客さまのほほえましいエピソードで済んでいましたが、「大丈夫か!?」というケースが増えてきています。

ある民宿での実話。到着したとたんに「何を体験できるのですか」と、わくわくした様子のお客さま。それでは、と宿近くの渓流にご案内したところ、お客さまが沢の歩き方に慣れておらず、思いっきりすべってびしょ濡れになりました。お客さまの方は「ああ楽しかった」と大満足だったそうですが怪我がなくて幸いでした。経営者の方は冷や汗ものだったとか。

また別のケースでは、収穫作業に夢中になった若いお父さんが、子どもより先に熱中症になって寝込んでしまいました。このように、親の世代ですら自然とのつきあい方や戸外での体調管理のノウハウを持ち合わせていないことがあります。意表を突かれるということも多いそうです。

農家民宿の経営者にとっては、お客さまが農村を楽しみ、好きになってくれることは嬉しいことです。「農林水産業や自然の楽しみ方」を準備して教えてあげたいと思っている経営者も多いと思います。しかし、その分リスク管理が一層必要、重要になってきています。保険への加入は万が一何かが起こってしまった時のもの。施設や備品、川や森へ行く道にまで気を配り危険性が見つかれば直ちに改善を。救命救急法や指導方法に関する研修への参加も今までに増して気が許せませんし、それに伴う費用も増えてくると予想できます。

また、安全管理やリスク管理と関連する「クレーム」対策

1 構造基準（都道府県によって異なる）による。

も重要です。お客さまが権利と義務に関して少々わがままになってきている傾向は海外でも同様らしく、フランスの「アクイユ・ペイザン」創始者のJENEVE夫人は「農林漁家民宿経営には寛容が求められるようになってきた」と語っています。

泊まり方が変わる（宿の経営の仕方も変わる）

「民泊」は、今は時のニュースになっています。「ゲストハウス」、「シェアハウス」が増えています。様々な宿泊も形が出現することは、そういう泊まり方に慣れている、そういう泊まり方を好むお客さまも増えるということです。

逆に言えば泊まり方が変化するということは、それに合わせて宿の経営で楽になる面があるかもしれません。実際に農村地域に「ゲストハウス」、「シェアハウス」の動きも始まっています。

こうした泊まり方の変化と外国客の増加は、「滞在期間」にも影響を与えるかもしれません。

日本で長期滞在型が定着しない大きな理由は長期休暇がないこと、日本人は長期休暇を楽しむ風習がないと言われてきました。しかしよく考えてみれば、日本にも「湯治」という「長期滞在の旅」の伝統が無いわけではありません。実際に日本の農林漁家民宿への滞在日数は伸びているというデータもあります[2]。

そこに加えて、海外旅行に慣れ自由気ままな旅を愉しむ若者たちや、長期滞在に慣れたインバウンドのお客さまがやってくるとしたら、滞在型の旅は思った予想以上に増えてくるかもしれません。

2　そのアイデア、本当に持続可能でしょうか？

1棟貸しの長所と短所

日本では、以前は「民宿」というと、お客さまと家族が同じ屋根の下で眠る「部屋貸し」を連想したものです。グリーン・ツーリズム初期にはよくこういう意見を聞きました。「お手本であるヨーロッパはベッドルームがプライベート空間として独立しており、お客さまの宿泊に供しやすい。一方日本家屋はプライベートと共有スペースの区切りがあいまいであり仕切りも襖一枚なので構造的には宿泊業には向かない」。今でもかなりの割合で「部屋貸し」があると想像します。

それに対して近年、「1棟貸し」をおすすめする動きがあります。理由としては「1泊2食付きより省力的だから」「空き民家が活用できるから」。その背景も、高齢化した民宿経営者へのアドバイスであったり、開業を尻込みする方に対しての説得であったり、中には「ヨーロッパの主流が1棟貸しになってきているから」というものまでいろいろです。

全国の農家民宿を見てみると、1棟貸しに適した民宿もた

2「農林漁家民宿の魅力把握調査」（2012年実施）オーライ！ニッポン会議の結果では「今までで一番長い宿泊日数」は「1週間から1か月」が10％ある。

くさんあります。例えば、
・民家に昔からあった「離れ（別棟）」をお客さま専用にしているもの
・敷地内にお客さま用の棟を建築したもの
・集落の中の空き民家を所有者から借りて客用としているもの
・集会所を宿泊可能にリノベーションし宿泊許可をとったもの

などです。これらの中には、台所付きのところもあります。

ところで本当に1棟貸しは手がかからないのでしょうか。実際に日本で1棟貸しをしている方によると、「管理に思いのほか手間がかかる」そうです。なぜなら、滞在2、3日で回転するお客さまが多く、掃除やリネン洗濯をその都度する必要があるからです。

このように、長期滞在がまだ少ない日本で1棟貸しのメリットを得るには、掃除・管理がやりやすい施設構造にするとか、滞在中はリネン交換しない（交換する場合は別途料金をいただく）とか、工夫が必要だと思います。

食泊分離への期待と課題

ヨーロッパの農家民宿は基本的にB＆B（朝食付き宿泊）であるのに対して、日本の農家民宿では現在のところ、1泊2食付きが主流です。

日本で1泊2食付きタイプが多いのは、「食の満足」を求める旅のイメージが先行していることとともに、お料理上手な（お料理が好きな）農家の女性が開業に踏み切ってきたという経緯もあります。また、ほんとうはB＆Bにしたくても、ヨーロッパと異なって集落内にパブのような夕食を供する場所や農村レストランが少ないため、お客さまの利便性を考慮すると夕食を付けないわけにはいかない、という事情で食事を提供しているケースも多いようです。

農家民宿の大きな特色は、「食の最前線」にいること。これこそがお客さまも期待していることなのですが、労力のこと、コストのことを考えると、一番悩ましいところでもあります。

実際にフランスのジットに泊まってみて感じたのは、パンと畜産加工品（いずれもそのまま食べられ、保存もきく加工品）が中心であるヨーロッパの食事は、調理工程の多い日本食と比べて自炊が楽そうだということです。マルシェで買い込んだ惣菜、ソーセージやチーズ、それに野菜を添え、あとはパンとワイン。台所付きのジットではちょっとした煮込み料理も可能です。

日本で1棟貸し自炊タイプを進めるためには、お客さまの自炊をより容易にするためのサポートが必要ではないかと思います。具体的には、地域内の仕出し屋さんとの連携、農産物直売所等で惣菜や食材セットが入手できるというような地域内の食材供給です。

「泊」と「食」を切り離し、相互に連携させて、双方にメリットを出そうという「食泊分離」という考え方が広まってきています。民宿に「泊」を、農家レストランで「食」を担ってもらおうという発想です。民宿サイドは調理にかかる労働時間が少なく、また食材費や費用、食材ロスも少なくなり、(価格設定にもよりますが)通常は1泊2食タイプより所得率は高くなります。「農家民宿をやってみたいと思うけれどお料理は苦手だからあきらめている」という方もおおいに助かります。農家レストランの方も昼間はランチのお客さま、夜は宿泊のお客さまがあるといいでしょう。

ただ、数字で考えてみると、ちょっと気になることもあります。ある農家レストラン(20席程度、既存の建物利用、地域内食材、ランチタイムのみの営業、客単価1,000円)の例ですが、損益分岐点に達するには年間8,000人以上の利用客が、常時雇用を創出するためにはもっと多くの利用客が必要でした。

ここから単純に考えると、利用客全てを民宿の宿泊客として、農家レストランの経営を成り立たせるのはなかなか難しいことのように思えます。観光客などの入り込み客が少ない地域では、地元住民(隣接する都市住民の利用も含めて)の日常利用が必要なのではないか、などと余計な心配をしてしまいます。

宿泊のしかたと食事の提供について、私の経験した海外の事例を紹介します。

※フランスのトゥレーヌ地方でのヒアリング

フランスには、夕食付(ターブル・ドート)、B&B形式(シャンブル・ドート)、モイブル・ジット・リュラル(1軒またはフロア貸し、以下「ジット」という)など様々な形態があります。この地域ではターブル・ドートとジットにそれぞれ泊まってみました。

ターブル・ドートのほうは、15世紀の建物の特徴を活かしてリノベーションしたもので、昔の大きな梁がむき出しで昔の火事で焦げた跡さえも雰囲気を残し、それでいてバスルームやキッチンは極めて近代的なものでした。B&Bで宿泊するならば料金(2015年当時)75~85ユーロ、それに25ユーロ追加してワイン付き夕食をいただくことができました。

ジットのほうは、1棟に2ベッドルーム、バストイレ、台所設備、自動洗濯機があり、料金は1週間あたり5万円程度です。食事はお客さまの自炊です。4人家族で1週間借りるとすると1人1日あたり2千円程度と、旅行者にとっては安価な旅ができます。

この地域ではB&Bから1棟貸しに移行する動きがあると聞きました。食事や管理に手間がかかる「夕食付き」よりも「1棟貸し」に切り替えたいということではないか、という話でした。

※ドイツのバーデン・ビュテン・ベルク地方でのヒアリング

キッチン付き自炊型民宿(フェーリン・ヴォーヌング)を

見学させてもらいました。建物は3階建て。階ごとにフロア貸しになっていました。1フロアにはベッドルーム3部屋、リビングルーム、キッチン、ダイニングルーム。1階のフロアはプール付きなので料金が高くなるとのことでした。

こうした「1棟貸しタイプ」では、お客さまとオーナーの交流はフロアの鍵を受け取る際に交わす会話程度。食事や何かを一緒にするといった場面はありません。「都市農村の交流」を重視してきた日本の農家民宿から見ると、ちょっと寂しい感じもしますが、反面、気は楽でしょう。

ドイツでも近年小規模の部屋貸しタイプが減り、このようなフェーリン・ヴォーヌングが主体となってきていると聞きました。

3　お客さまの不安と期待にどう応えるか

（1）体験プログラムと体験を再確認

最近、「農家民宿って、体験ができる所なのですよね」という問い合わせが多いそうです。農家民宿の予約サイトを見ると、「〇〇が体験できる宿！」というキャッチフレーズが踊ります。民宿側が知らないうちに「体験する宿」というイメージが作られている可能性があります。

また、「農家民宿」とは「体験」をする宿、「民泊」は滞在だけでよい宿である、という専門家もいます。このような「民宿・民泊」という用語にまつわる混乱はともかく、「体験」についてはじっくり考えてみたいことがあります。

たとえばこんな経験はありませんか。コンサルタントAさんは、「あなたたちの暮らしそのものが体験なのです」と言いました。次にやってきたコンサルタントBさんは、「体験はお客さまのニーズを満たすように作りこむものです」と言いました。「どっちが正しいのでしょう？」。この食い違いは、「体験」という言葉に二つの意味があることから生まれたものです。

一つの意味は、純粋に「体験＝体感」。お客さまにとっては見慣れない田舎空間、初めての食文化等、そこにきて滞在すること全てを含みます。もう一つの意味は、農家がインストラクターとなって提供される「体験プログラム」のことです。体験料は宿泊料金に含まれていることもあれば、別途支払っていただく場合もあります。

以前ある地域の農村ツーリズム受け入れのやり方を話し合う場面で、参加者が「体験」という言葉をそれぞれ違った意味に理解していたため、話がまとまらないということがありました。細かいことですが言葉は大切であると感じたことでした。

農家民宿でも、「体験プログラム」を提供しているお宿もありますし、特に提供していないところもあります。「開業当初は体験プログラムを準備したけれどお客さまはただのんびりすることを望んでいたから止めてしまった」という宿もありますし、反対に「お客さまが農作物の収穫が楽しくてついついたくさん採ってしまわれるので少し料金をいただくことにしようかしら」となった宿もあります。

自分の民宿で提供したいのは「体験＝体感」か「体験プログラム」か。それは、自分の経営の中で可能なのか、自分の経営に必要なのか、お客さまにはそこをどうお知らせするか、そして料金設定はどうするか。一度は考えておくとよいかもしれません。

(2) きちんと伝える

はじめてのお客さまが増えるとはどういうことか想像しましょう。お客さまが「農家や農村での滞在を求めている」を横軸に、「農家民宿とはどういうものか知っている」を縦軸にとった図にしてみると、現在農林漁家民宿を選んできているお客さまはAになります。

そして、田舎旅や農家民宿を前面に出した旅行商品や予約サイトのターゲットはBになります。

お客さまBは農村や農家に期待をしていますが情報はあまりありません。不安が少なく期待が満たされればA（求めていたのはこれだ）になり、期待通りでなければC（別に農林漁家民宿でなくてもいい）になり、不安なまま期待外れであればD（もう二度と来たくない）になってしまう。いずれの可能性もあります。（図Ⅳ1）

田舎の空間が苦手な方にまで無理に来ていただかなくてもよいのではないかと思いますが、ただ宿泊施設としての配慮が足らなかったばかりに農村ファンになってくれたかもしれない方を「こりごり」にしてしまうのはいかにも残念なこと

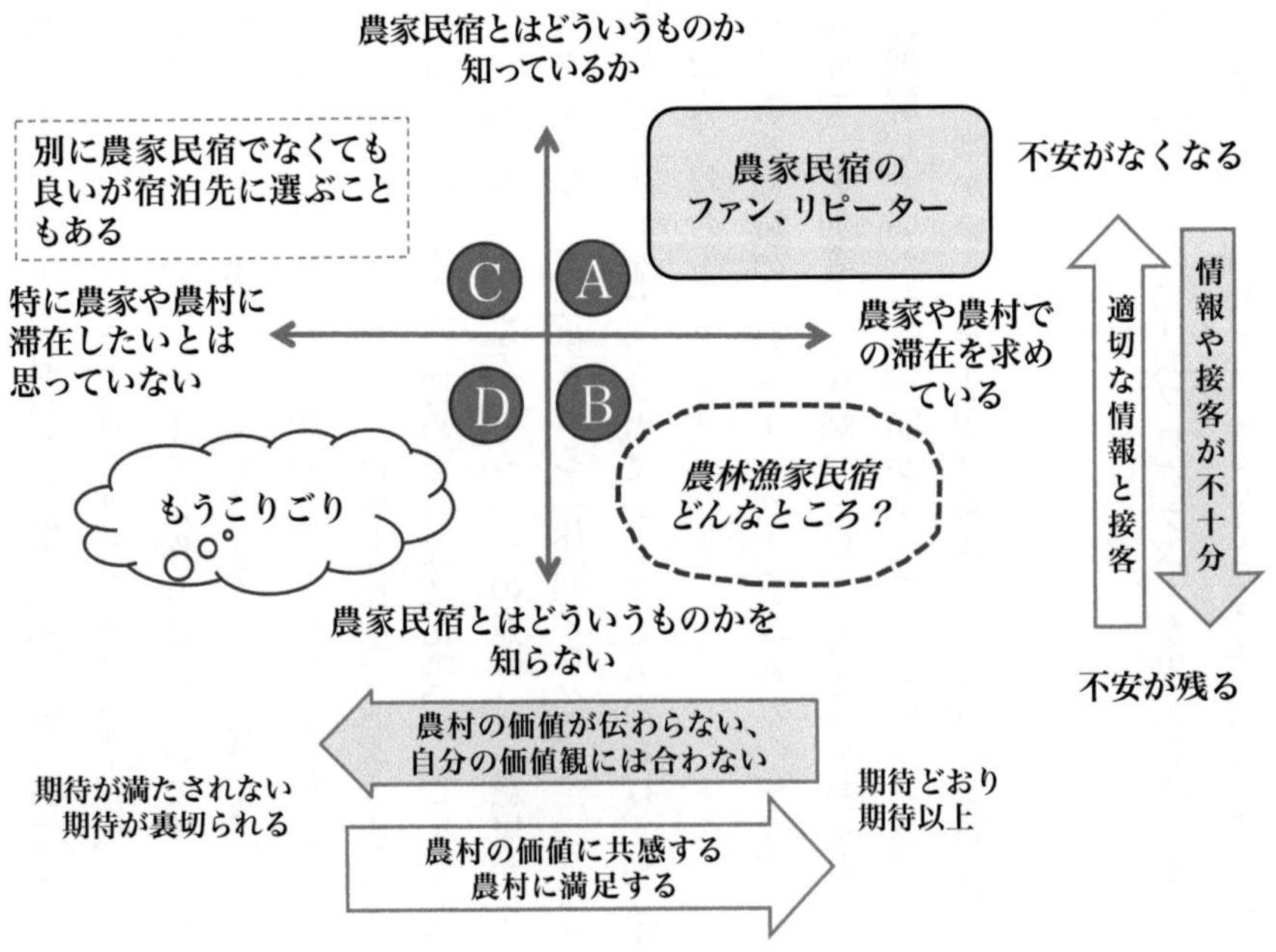

図Ⅳ 1　農村ツーリズムのお客さま（不安と期待）

と思います。

お客さまBに対しては、まずお客さまの「不安」を減らすこと。それには「適切な情報」が重要です。適切とは、お客さまが知りたいことがきちんと伝わっているということです。施設や設備が仮にお客さまの要求水準を満たさないものであっても、ホームページや予約時の説明であらかじめきちんとお知らせしておけば失望や不快な経験が起きる可能性は少なくなるでしょうし、滞在中も、お部屋への案内、衛生管理に配慮が行き届いていていれば「不安」は減っていきます[3]。

最近話題になっている「品質保証・評価・認証」はこの面を分かりやすく表示するもので、お客様の「不安」を少なくしてお客さまが来やすくすることに有効であるといわれます。「品質保証制度」については、第Ⅵ章でもう少し詳しく考えてみたいと思います。

もうひとつの要素である「期待」を考えてみましょう。

お客さまBは、サイトの紹介文から「田舎旅や食」への「期待」が大きい反面、「農家民宿についての予備知識・情報」がほとんどありません。お客さまの「期待」はいろいろです。大きく膨らませてくる方もいれば、おそるおそるという方もいるでしょう。

もちろん、お客さまの的外れな思い込みや勘違いに応える必要はありません。私は農家民宿で大切なのは、「信頼」、つまり偽りやごまかしがない、ということではないかと思います。

例えば「食」については、多くのお客さまは農家民宿では、地元の、信頼できる、新鮮な食材が使われている、と期待をしています。もちろん民宿もそれをウリにしています。

ある調査結果では、金額ベースで食材の約34％が自家産、所在する市町村エリアでの産物を含むと約55％が地域内産の食材でまかなわれているそうです[4]。これを高いとみるか低いとみるかは人によって異なるかもしれませんが。

私の知る多くの農家民宿の自家産・地域内産食材率はもう少し高いように思いますし、お客さまの信頼にも十分応えられる内容の「食」を提供していると感じます。でも、一度でも偽りがあったら大切な顧客を失うことになりかねません。残念ながら実際にそれに近い例も出ています。

「期待」ということと深く関連するのは「農家民宿の品質」です。このことは第Ⅵで考えてみたいと思います。

3 農林漁家民宿の経営の「安全管理」、「お客さまの不安への対応」、「品質向上」についてのマニュアルとしては、
・「子ども農山漁村交流プロジェクト受入安全管理マニュアル（社団法人全国農協観光協会 地域振興推進部子ども交流プロジェクト事務局）２０１６年
・「農林漁家民宿経営者必携　愛媛型農林漁家民宿のおもてなしの心得（グリーン・ツーリズム四国結びのネットワーク 愛媛県支部）」２０１２年
等が具体的で分かりやすく、おすすめです。

4 平成25年6次産業化総合調査

4　費用が増える可能性

小さな経営体にとってネットワークや支援組織は欠かせないものです。一人一人が取り組むよりはるかに効率的なプロモーションができますし、孤独や危険からも身を守ることができます。支援やサービスの内容はいろいろです。（表Ⅳ1）

例えば予約・決済でいうと、農家民宿の経営者が悩みや課題を語り合う場でよく出てくる話題は、「キャンセルへの対策」「子ども料金、どうしている？」という予約や決済の悩みです。そして、この課題はなかなか解決しません。

今後、インバウンド型の旅行、海外客の利用が増えてくるに従って、旅行業者や予約サイトの利用が増えてくることが予想されます。

第Ⅱ章で述べたように、ネット予約にはまだ不安を感じている経営者もいるとは思いますが、予約サイトがＰＲ、予約受付、決済、さらにキャンセル料金の回収までを代行してくれるとすれば、どうでしょう。利便性と手数料と比べて検討してみる価値はありそうです。

表Ⅳ 1　フランスのネットワークが行っている加盟者への支援

プロモーション	・サイトでの情報発信（Facebook、twitter、youtube、Instagram など）。 ・ガイドブックの発行 ・見本市への参加 ・営業活動 ・プレスへの備きかけ ・ＴＶを利用した広報活動 ・地方メディアへの広報、取材対応 ・プロモーションツール（標識や紙袋等）をまとめて発注する（安価になる）
予約（決済業務） 品質保証	・ラベル（認証、格付け　など）の付与 ・品質コントロール
加盟者への サポート	・民宿開業、各種の許可の取得、資格の取得への支援 ・開業マニュアル、自分で書き込みの出来るワークシートの提供 ・組織の支部による手続き代行 ・アドバイザーから農家への助言（補助金申請書類作成上の助言など） ・各種パートナーシップの締結 ・規制や各種情報の掲載されたニュースレター ・物資の共同購入等（価格優遇、提携企業の優先価格）
研修	・倫理面、農業技術、各分野でのイノベーション、経済、法律、税、ＩＴ活用や他の活動とのパッケージ販売の方法、装飾で差別化を図る方法等　など ・トレーニング（調理、もてなし、家の飾りつけ　など）
クレーム対応や 補償	・客とのトラブル（客から損害を被った、裁判になった、など）の発生時の補償 ・キャンセルについての補償（宿主が損をしない仕組み） ・利用者からの苦情対応。（お客さまと経営者の問題にならずにすむ）
その他	・政府の諮問機関のメンバーになる ・民宿経営者の権利を守るためのロビー活動

このように、客室の提供、食事の有無、手数料、安全対策、予約・決済のアウトソーシング、支援などを考慮して今後の経営を検討すると、「新たな投資・コスト」が必要になるケース（逆にコストが下がるケースもないわけではありません）が出てきます。

リピーターさんだけで経営が安定している民宿はともかく、もっと誘客をしたいという場合は確実にコストが増えると考えてよいと思います。

そして、品質維持・向上のために身に付けたい能力や情報、クレームへのサポートなどの支援を得たい場合も、手数料や会費が必要になる可能性があります。

5　持続可能は「数字」から

(1) 料金をいくら、どのようにいただくか

実際に全国を巡ってみますと、農林漁家民宿の宿泊料金は依然として低め。多くの経営者が内心「少し値上できればいいなぁ」と思っているように感じました。おかあさん100選の認定時（2007）の料金は1泊2食5，000円から14，000円まで、平均は7，000円でした。それから9年ほど経過し今は全体的に少し値上がりしています。私の経験から考えても、全国的に同じ動きになっていると思います。

では、お客さまが想定する金額はどのくらいでしょうか。

古いデータでは、「都市生活者を対象にして日本の農林漁家民宿のサービス水準等に関するニーズ調査報告書（2006年3月）」では、都市住民が農林漁家民宿のサービスの内容に対して相応しい金額として「1泊2食7，000円～10，000円」という回答が最も多かったとされています。私が過去に行った原価計算では1泊2食付で8，500円でしたから、折り合いのつく数字のような気もします。

価格については「農家民宿よりも設備自体は整ったビジネスホテルが値下げ競争をしている昨今、設備も空間も民家レベルの農家民宿があまり高い価格ではお客様は来ませんよ」という声がある一方、「あまり価格を下げてもいけない。価格相応のお客さま（ただ安ければそれでいいというようなお客さま）になってしまうから」という経営者の体験談もあります。

そして今、農家民宿の予約サイトに並んでいる料金は適正なのでしょうか？

またよく聞くのが「お一人のお客様は赤字になるのでつらい」ということ。そこで私が提案したいと思っているのは「基本的にはB&Bで希望すれば夕食代を追加する」という料金設定。そして利用客数に影響されないルームチャージ制（1部屋1泊を定額にする）です。

いずれにしても数字で経営を把握して検討してみたいものです。

(2) 自分の民宿の受け入れ（利用客）の限度を知る

多くの農家民宿で、「稼働率（実際の宿泊客数÷（定員×営業日数））」が低めであることは前章で述べました。

お客さまは、春休み夏休みとGW、秋の連休に予約が集中しています。もともと定員が少なく、受け入れ客を1日1組に限っている宿が多い農家民宿では仕方がないことかもしれませんが、オーバーフローします。特にGWの中日にあたる5月4日は毎年のように何組ものお客さまの予約をお断りすることになってしまいます。「申し訳ないやらもったいないやら」という声を全国で聞きます。

経営者の方何名かに「夫婦2人でこなせる年間の客数は?」という質問をしてみたところ、おおむね250人から300人という答えでした。民宿の稼働日数と宿泊者の記録を調査したところ、お客さまの集中する春休み夏休みとGW、秋の連休前後の稼働日数はおよそ100日。1組の平均宿泊客数2．5人に100日を掛けると250人。経営者の感覚とほぼ符合します。そしてこの人数を大きく越えると、収入が増える一方で経営者や家族に疲労が蓄積します。

夏休みも終わり頃にはさすがに疲れてきて、「笑顔でお客様を迎えられなくなってしまうと、何のために経営しているのか分からなくなってしまうのよ」と言った女性経営者の言葉が心に残ります。

また同じ夫婦2人経営であって、リピーターも多く年間通じてお客さまが来ているケースでは、年間400人～450人。夫婦以外の専従者がいて客室数が多く一度に2～3組の宿泊が可能な規模の宿ですと、年間の宿泊客数1，000人を超える民宿もあります。

部屋数を複数にして人も雇ってという経営にするのか、お客さまを里帰りする家族のように受け入れるのか。自分のやりたい経営によって受け入れ可能な人数は異なってきます。

自分の民宿の稼働日数は何日か、受け入れのピークはいつの時期で、そして何泊・人なのか、頭では分かっているようでも数字にすると新しく気づくことも多いのです。

(3) 所得の目標を持つ

「目標」というと堅苦しいので、「どのくらいのお金を残したいと思っているか」と考えてみましょう。

例えば、こういう目標が考えられると思います。（図Ⅳ2）

目標A:「所得」から経営者と家族の労賃が出て、さらに「利益」がある。

目標B:「利益」はなくても、「経営者の労賃」と「家族（専従者）の労賃」が確保できている。地域内の他産業に従事したのと同じ金額が自分の家の中で得られる。

目標C:「家族（専従者）の労賃」は支払えるが、経営者の労働に見合う（地域内の他産業に従事したのと同等の）金額は残らない。「経営者の労賃」が多少圧縮されても、「家族（専従者）の労賃」が確保できれば良いと考える。

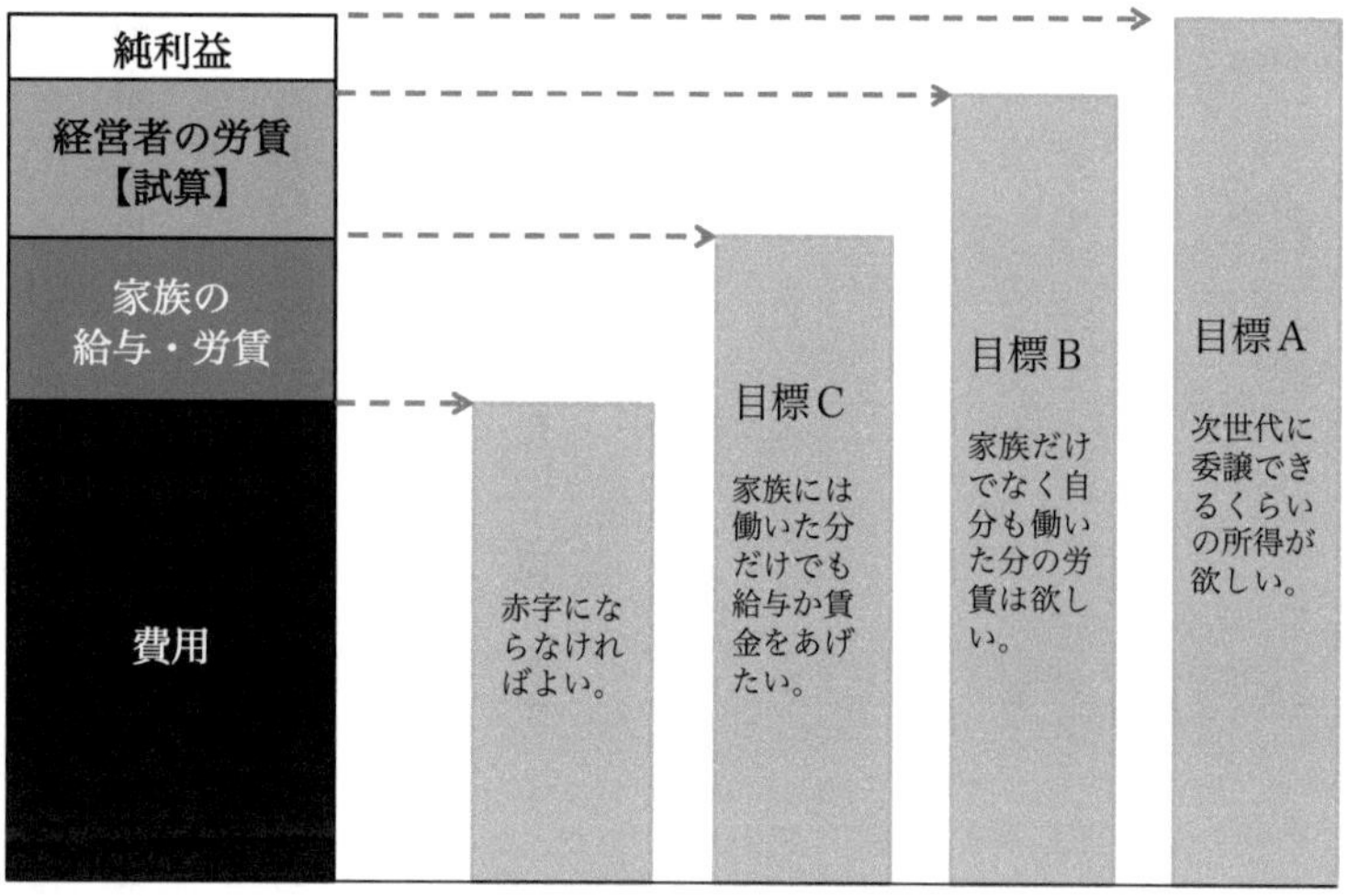
純利益
経営者の労賃【試算】
家族の給与・労賃
費用
赤字にならなければよい。
目標Ｃ
家族には働いた分だけでも給与か賃金をあげたい。
目標Ｂ
家族だけでなく自分も働いた分の労賃は欲しい。
目標Ａ
次世代に委譲できるくらいの所得が欲しい。

図Ⅳ２　「所得目標」の考え方

また、こういう目標もあると思います。

目標Ｘ：民宿部門は少し赤字であるが、宿泊経営に伴って農産物売上が伸びているようなケースでは、伸びた売上を加味する。

目標Ｙ：まだ宿泊客数も少ないので判断ができないという場合などは、当面「民宿収入１００万円の壁突破」を目標にする。

目標所得を考えると、なにを実現するための民宿経営なのか、何をするためのお金を稼ぐ民宿経営なのかがよりはっきり見えてくると思います。

（４）雇用に注意

日本の休暇事情でＧＷと夏休みにお客さまが集中します。また、誘客がうまくいって客数が増えると毎日忙しくなります。繁忙期は臨時雇用を入れる、業者にアウトソーシングするのもやむを得ないかもしれません。しかし通常の農家民宿の規模では、雇用やアウトソーシングの費用は経営を圧迫しがちです。

特に注意が必要なのが、宿泊受け入れと併せて「昼食や夕食の提供もするケース」です。宿を開業すると、周囲の人や行政の担当者から「お食事だけの提供もやってみませんか」という助言・要望を受けることがよくあります。もちろんこうした助言は好意から出たものですし、欲しいからこそ要望があるわけです。しかし、経営というものはシビアです。助言・要望を受けてお昼のレストランを併設したところ、「食事だけのお客さまが多くなるにしたがって繁忙期には自家労力だけでは人手が足らなくなり、パートさんやアルバイトさんの雇用労賃が膨らんで、結果として所得が低くなってしまった」という例をよく見かけます。レストラン部門が忙しい日は宿泊客（レストランより所得率が高い）の方を断らねばならない、となるというケースもありました。

一度、「レストラン部門」と「民宿部門」を切り離して、部門別集計し数字で把握してみましょう。その結果、雇用労賃を上回る収入があるようならそれでよしとし、雇用労賃によってかえって所得が下がるようなら、レストランの客数に上限を設けるとか、宿泊受け入れに影響の出ない営業時間にする、食事料金（客単価）を上げるなどの工夫が必要です。

第Ⅱ章でも触れましたが、賃金の支払いがいらない（互助的な）労力もあります。ＷＷＯＯＦ、ワーキングホリデー、フリーアコモデーションなど、制度をよく知ること、長所短所をふまえて活用を考えたいと思います。

次章では、自分の経営を数字で捉える作業について考えていきます。

第Ⅴ章 農林漁家民宿ざっくり原価計算のススメ

1 「原価」を知る

(1) 「原価」とは

ここで「原価」という言葉、考え方について確認しておきましょう。

近年、農林水産業の6次産業化で農林水産物加工品の商品化の取り組みが進むにつれ、農林水産業の現場でもようやく「原価」という言葉が現れてきましたが、多くの方にはまだ聞き慣れない言葉だと思います。

農業簿記の「原価計算」のテキスト[1]によると、「原価」とはある製品やサービスの1単位（例えば自動車1台、お客さま1人あたりの宿泊料など）にかかった金額の総計です。それに対して、お客さまが支払う金額を「価格（単価）」といいます。（農家民宿では「宿泊料金」が「単価」に相当します。）

原価は「材料費」、「労務費」、「経費」に分類されます。表Ⅴ1。

同テキストでは「原価計算の目的」が次のように書かれています。

ア．財務諸表に必要な資料（製品などの金額）を得るため

イ．製品（サービス）を製造（提供）するのにいくらかかったかを把握するため

ウ．これだけの利益を獲得するためにはどのような生産活動を行えばよいかを検討する

表Ⅴ1　原価の構成要素

材料費	製品を製造（またはサービスを提供）するのに仕入れた材料代等 ＜厳密には材料の棚卸が必要です＞
労務費	製品を製造（サービスを提供）するのにかかった労賃
経　費	製品を製造（サービスを提供）するのにかかった材料費や労賃以外の経費（動力光熱費や減価償却費など）

1「農業簿記検定教科書2級」大原出版（2017）

材料とするため

「原価」に儲けを足して「売価」を決めることを「値入（ねいれ）」といいます。

これまで農家民宿の推進において「原価」や「値入れ」という話題がほとんど出なかったのは家業である「農林水産業」の影響も大きいと思います。

山間地域の農林水産業の多くは家族経営で、収入から経費を差し引いた所得を生活費としています。そして農林水産物の価格は（例外もありますが）ほとんどが市場で決まります。「原価」を積み上げたとしても、そこから「値入（ねいれ）」で売値を決める場面はなかったのではないかと思います。

農産物直売所の経営で注目される「みずほの村市場」の代表である長谷川久夫氏も著書[2]の中で「農家は自分で値段をつけられないことが一番の問題だ」と述べています。

(2)「原価」を知ると何が分かるのか

実際に原価計算をしてみた経営者の方々の感想を見てみましょう。

○宿泊客を受け入れるのは嬉しかったが、疲れを感じていました。売上から経営にかかった費用を引くと、ほとんど残っていませんでした。なるほど腑に落ちた、という感じです。

○数字で見ると、自分の経営の問題点がよく分かりました。

○開業前に「原価」を計算して料金を決めていましたが、それから15年以上経ってあらためて計算してみると（物価も上昇し）変わってきていました。

○うちは後継者がいないので、今のキャッシュフロー（減価償却費を含む手元に残るお金）で問題はありません。ただ誰か（若いU・Iターンの人など）が施設を引き継いで将来長く経営を続けるとしたら、このままの料金では足りません。あと○○円くらいは値上げする必要がありますね。

「原価」を知ると「なんとなく」が「なるほど」になります。

2「ざっくり原価計算」の提案

農家民宿の経営を確認するにも、これからの経営を考えるためにも、数字で経営を把握することが重要です。しかし、このように多くの種類の費用を把握するのは、なかなかたいへんな作業です。そこで、「ざっくり原価計算」というものを考えました。

「ざっくり原価計算」のねらいは費用をできるだけ漏れなく積み上げられるようにすることです。

あくまでも「ざっくり」であって厳密な意味での「原価計算」

2『日本一の直売所が実践している「食える農業」の秘密』（2013、ぱる出版）

とは違います。特に税の申告の際の「経費」として認められないものが含まれています。この点をくれぐれもご注意ください[3]。こういう新しい提案をする場合、私のこれまでの経験からありがちなのが特に行政関係の方からの拒否反応です。たとえば「用語」はこれで正しいのかとか、会計や税務での費用の考え方との違うのではないかという指摘です。

　しかし「地域の中にこれまで無かった経済活動を創出し循環させること」「面の中の点として持続可能な経営をすること」という農家民宿経営の課題に対して「かかっている経費を網羅し集計すること」はたいへん重要なことです。ここではご容赦いただいて重要なことに力を注ぎたいと考えます。

「ざっくり原価計算」の集計ルールをこのように決めました。

（1）民宿経営にかかったお金のことは「費用」と表現する。
（2）棚卸はしない（仕掛品などもないものと考える）
（3）直接費、間接経費なども特に区別しない。
（4）接客だけでなく民宿運営にかかった費用を総計する。
（5）「自給するものにかかった費用」を計上する。
（6）家族の給与（賃金）を計上する。
（7）「経営者の労賃」を試算して加える。（自分が働いた分の労賃相当の金額が得られているか、また労働の一部をアウトソーシングできるかどうか知るため）

　第Ⅱ章で確認した「農家民宿の経営者が忘れがちな費用、気づいていない費用」の集計には特に気を付けます。

自給食材費

　農産加工品開発の第一人者である島巣研二氏は、著書の中で「たとえハネモノ・ヒネモノといった規格外の自家原料を使用しても、栽培にはコストがかかっています。自家原料に付加価値を付けることが、加工特産物を製造する大きな目的の一つ（中略）。自分なりに評価して価格をつけ、原価に加えます」と述べています。農家民宿でも同じように考えることが大切です。

　ただし、「自給食材費」をあまり厳密に考えすぎると、「ざっくり原価計算」の中でさらに「自給食材の原価を計算する」というとても複雑な作業になってしまいます。左に揚げるような、自分がやりやすい方法で集計を行います。

①販売（市場）価格を使うやり方
出荷した時の市場価格や、農産物直売所での販売価格を使って集計します。

②費用をコツコツ積み上げるやり方
自家菜園にかかった費用、釣りや採取にかかった費用を書き出すことができるなら、その「費用」を積み上げてみます。付録の「積み上げシート」を使ってみてください。

　多くの民宿では「定番メニュー」があります。定番に季節

3 税の申告者が誰か（農業経営主か民宿経営者か）、青色申告かどうかによっても異なります。

メニューを加えて提供しています。まず定番メニューのコスト計算をしておいて、それに季節メニューを見積もり、宿泊客数を掛けるというやり方も簡単だと思います。

食材加工賃

農産・水産加工品や料理を外部に依頼して作ってもらった場合の代金です。地域の農産加工名人に加工や調理を委託する、畑で収穫したソバや小麦を業者さんに粉に挽いてもらう、等の加工賃がここに入ります。

技術だけでなく施設や機材も活かされます。かつて地域の中にあった米穀屋さんがどんどん無くなっています。それと一緒に米穀屋にあった製粉機も気づかないうちに失われています。地域や家庭の中で伝統的な加工技術として使われてきた器具類も、役目を終えたとして廃棄されています。こういうものが、もし、まだ残っていたら大切にしておくと、原産地呼称制度とはいかなくても、伝統的な加工方法としての付加価値をつけることもできるかもしれません。

減価償却費

10万円以上の備品や施設や機械、家屋のリノベーション・リフォームにかかった費用等への投資にかかる金額から開業後の費用となる「減価償却費」を計算します。

減価償却は法定耐用年数（表Ｖ2）から計算した減価償却率を乗じて計算します。

農林水産業や日常の生活と宿泊業で空間的、費用的にも共有される部分がある場合は、減価償却費も按分して費用に計上します。按分の割合[4]は、「ざっくり原価計算」ではお客さまへ供用するスペースの床面積、使用時間等をもとにして計算します。

修繕費

建物や機械などの修繕にかかった費用を計上します。第Ⅲ章でも述べた和室の襖や障子の張り替え、畳の更新、修理、再塗装にかかる費用など。安全のための危険箇所の修繕も重要です。

減価償却と同様、農林水産業や日常の生活と宿泊業で共有される部分がある場合は按分して費用に計上します

家族の給与（賃金）

家族従事者のうち民宿経営に専ら従事した人に支払った（支払う）給料（ボーナスを含む）です。

宿泊客への補助的なサービス（配膳等）のほか、民宿周辺の環境整備（ベンチの設置など）、散策路の整備、植栽の手入れ、自給食材の確保（自家菜園での作業、魚釣りや山菜採り、農産加工等）に従事していると考えられます。

農家民宿の多くが家族経営で、家族の労働時間、労賃があ

4 按分率等は、税の申告の時には前もって税理士、税務署にご確認ください。

いまいになっています。税理士であり、農家の女性の起業活動に造詣の深い山崎久民氏は、「製造などに従事する人件費は、利益で配分するものではなく、あらかじめ原価に算入し、コストとして回収するのだとの意識をしっかり持つことが大事です」と述べています。

　特に、日本の農家民宿はヨーロッパと比べると労働時間が長くなっています。「ドイツの調査によれば、主婦のGTへの投下労働時間はB&B方式で84分、自炊方式で44分（1農家当たり）である」[5]そうですが、日本の農家民宿ではこの時間内にはとても収まりません。

表Ｖ２　耐用年数一覧表　費用が１０万円を超えるようなもの）の例

	構造・用途	細目	耐用年数
建物	木造・合成樹脂造のもの	飲食店用のもの	20
		旅館用・ホテル用・病院用・車庫用のもの	17
	木骨モルタル造のもの	飲食店用のもの	19
		旅館用・ホテル用・病院用・車庫用のもの	15
	鉄骨鉄筋コンクリート造、鉄筋コンクリート造のもの	飲食店用のもの　延面積のうちに木造内装部分の面積が３０％を超えるもの	34
		その他のもの	41
		旅館用・ホテル用のもの　延面積のうちに木造内装部分の面積が３０％を超えるもの	31
		その他のもの	39
	れんが造、石造、ブロック造のもの	店舗用、住宅用、飲食店用のもの	38
		旅館用・ホテル用・病院用のもの	36
	金軸造のもの	飲食店用・車庫用のもの　骨格材の肉厚が4mmを超えるもの	31
		3mmを超え、4mm以下のもの	25
		3mm以下のもの	19
		旅館用・ホテル用・病院用のもの　骨格材の肉厚が4mmを超えるもの	29
		3mmを超え、4mm以下のもの	24
		3mm以下のもの	17
	（建物附属設備）	給排水・衛生設備、ガス設備	15
機械装置	農業用設備		7
	林業用設備		5
	宿泊業用設備		10
器具備品	冷房用・暖房用機器		5
	電気・ガス機器		6
	カーテン、座布団、寝具、丹前その他これらに類する繊維製品		3
	食事、ちゅう房用品　（陶磁器・ガラス製のもの）		2
	食事、ちゅう房用品　（その他のもの）		5
車両運搬具	自動車（２輪・三輪自動車を除く。）　小型車		4
	貨物自動車		4

国税庁ＨＰ（2015年度）より　農林漁家民宿に関係する項目を抜書き

5　中村攻「ヨーロッパ諸国のグリーン・ツーリズムとわが国での構想」「日本のGT」都市文化社

フランスの農業会議では、「農家へようこそ事業」によって「フルタイム当量が1.6人から2.2人に増加する」と説明を受けました。この数字を見ると、民宿開業が新たな仕事を創り出しているということがよく分かります。

時間当たりの賃金は、民宿の仕事をしている家族にこれくらいは払ってあげたいという金額でよいと思いますが、できればその地域内の他の産業に従事したと同等の賃金を想定してください。採算性が取れそうになってきたら、時間当たり1,000円（成功している農村女性起業等での実績）で計算してみることをおすすめします。

経営者の労賃「試算」

「ざっくり原価」独特の「項目」、経営者の労賃を計上しようという提案です。

経営者とは誰を指すのかについてはいろいろ考え方があります。旅館業営業許可証の名義は誰か。税の申告者が誰か（農業経営主か民宿経営者か）、税の申告をどのようにやっているか（青色申告かどうか）など。

「ざっくり原価計算」では実質的に農家民宿を運営する人（もっぱら接客や調理を行う人）を経営者とします。そして民宿開業で創出された仕事の効果を知るために、その経営者の労賃（労働時間数×時間当たり賃金）を試算します。

お客さま1泊の受け入れにかかる時間数はどのくらいでしょうか。料理、接客、洗濯、ベッドメイキング等の身体を動かすことだけでなく待機する時間もあると思います。自分の経験等をもとに時間数を割り出しましょう。例えば、仕込みを始めるのが17時、お客さまの夕食・入浴の後片付けがすむ時刻を23時とします。翌朝6時から朝食の準備にかかり、お客さまへの提供が終わるまで。お客さまが帰った後片付け、客室の掃除、リネン類の洗濯等を含めると9時間になります。（表Ⅴ3）

この9時間をそのまま労働時間としてよいかは人によって考えが異なります。いつもの生活の時間も含まれているという方もいます。接客を労働と捉えることに抵抗を感じるという方もいます。そういう場合は、自分が「働いている」と感じる時間（ざっくり原価計算ではこれを『体感労働時間』と名付けています）を使ってもらってもよいと思います。

表Ｖ３　宿泊受け入れに必要な作業（労働）

当日	買い出し、調理、接客、最寄り駅へのむかえ　など
前日	掃除、買い出し、仕込み　など
後日	洗濯、掃除、備品の補充　など
日常的に	設備のメンテナンス、宿泊客用の農産物加工品づくり、宿の環境整備、挨拶状、ネット更新　など

お客さま一泊にかかる労働時間はずっと一定とは限りません。開業して手際よくなってくると労働時間数は少なくなってきます。また、継続してコンスタントにお客さまが来る状態のほうが後片付けと準備が一緒にでき、仕込みもまとめてできるので、たまにぽつぽつとお客さまが来るというペースよりも労働時間は短縮されます。

3　「ざっくり原価」のツール「計算シート」を作ってみました

お手軽に計算するために「農家民宿ざっくり原価計算シート」を作ってみました。（表Ｖ４、表Ｖ５：68・69頁）

※このシートについてのお問い合わせのある方は出版社まで。

なお「農家民宿ざっくり原価計算シート」の２０１６年～バージョンは「農家民宿経営を見直してみませんか」（２０１６都市農山漁村交流活性化機構）に掲載されネット上で提供されています。

(1) 入力するデータ

経営の基礎情報　（表Ｖ６）

経営の状態を判断するための基礎となる数字を入力します。

このデータをもとに、「家族の年間の総労働時間」や、「経営者（あなた）の労賃の試算」を算出します。このシートでいう「経営者（あなた）」とは、実質的に農家民宿を経営・運営している人を指します。労働時間は日記や作業記録から拾います。記録がなければ見積もってみます。

(2) 出力：シート集計結果

入力結果から表Ｖ７（70頁）の項目を自動計算します。

※「ざっくり損益分岐点売上金額」と「経営の危険信号」について

「費用」には、食材料や消耗品など、お客さまの人数に比例して変わる「変動費」と、建物や設備の減価償却など、お客さまが何人でも変わらない「固定費」があります。そして費用＝収入になる売上金額を「損益分岐点売上」といいます。「ざっくり損益分岐点売上」もこれと同じような考え方です。（図Ｖ１：70頁）

民宿収入が「ざっくり損益分岐点売上」と同額の場合、家族専従者の労賃とあなたの労働に見合う労賃は確保できますが、借入金の返済や新たな投資が難しくなる可能性があります。民宿収入が「ざっくり損益分岐点売上金額」を下回る場合、家族やあなたの労働に見合った労賃は得られません。

「経営の危険信号」とは、家族の労賃もあなたの労賃試算も

表Ｖ６　出力：シート集計結果

	入力する項目
経営の基礎情報	宿泊客数
	稼働日数
	現在の宿泊料金（1人1泊あたり）
家族の労働時間や給与（労賃）に関係するもの	1時間当たりの労賃【想定】
	家族（民宿経営に従事する）の年間労働時間
経営者（あなた）の労働時間や労賃【試算】に関係するもの	1泊の受け入れにかかる労働時間
	接客以外の労働時間
民宿の収支	収入「宿泊料金」、「受取利息」、「その他の収入」
	支出

表Ｖ４　ざっくり原価計算シート（2018バージョン）

収入		
	宿泊料金	円
	受取利息	円
	その他の収入	円
	計（A）	円

支出			
宿泊受入れに関する支出	材料費	食材料費	円
		自給食材費	円
		食材加工品貸	円
	労務費	給料・賃金（常時雇用）	円
		給料・賃金（臨時雇用）	円
	経費	水道・光熱費	円
		洗濯費	円
		消耗品	円
		食器・調理用具（10万円未満）	円
		保険掛け金（施設賠償、PL）	円
		体験用の資材・材料	円
民宿運営に関する支出		家賃・レンタル料	円
		租税公課	円
		諸会費	円
		通信費	円
		広告宣伝費	円
		接待交際費	円
		保険掛け金（家屋等）	円
		修繕費	円
		減価償却費	円
		福利厚生費	円
		給与・賃金（営業ほか）	円
		利子割引料	円
		衛生費	円
		衣料費	円
		支払手数料	円
		車両諸掛	円
		研修費	円
		事務用品費	円
		会議費	円
		雑費	円
			円
		計（B）	円
差引所得Ｃ（＝Ａ－Ｂ）			円

家族の給与・労賃（D）	円
あなた（経営者）の労賃を試算したもの　（E）	円
	円
あなたと家族の給与・労賃（F＝D＋E）	円

農家民宿の利潤Ｇ（＝Ｃ－Ｄ）経営者（あなた）の労賃が含まれる	円

	宿泊客数（H）	稼働日数（Ｉ）
1月	人	日
2月	人	日
3月	人	日
4月	人	日
5月	人	日
6月	人	日
7月	人	日
8月	人	日
9月	人	日
10月	人	日
11月	人	日
12月	人	日
手入力計	人	日
合計	人	日

お客さま１人１泊あたりの料金（Ｊ）	円／人・泊

時間当たり賃金（M）	円 / 時間

家族の労働時間

家族Ⅰの年間労働時間（Ｌ１）	時間 / 年
家族Ⅱの年間労働時間（Ｌ２）	時間 / 年

家族の給与 or 労賃　（労働時間×時間当たり賃金）

家族Ⅰの専従者給与・労賃	円 / 年
家族Ⅱの専従者給与・労賃	円 / 年

経営者（あなた）の労働時間と労賃　【試算】

経営者（あなた）の労働時間※Ｌ	時間
経営者（あなた）の労賃【試算】	円

※経営者の労働時間の試算方法

お客様１泊受け入れにかかる時間を想定し稼働日数を掛ける。あるいは、あなたが労働と感じる時間数（体感労働時間）稼働日数に掛ける、などで試算してみましょう。

民宿稼働日数（Ｉ）	日
１泊当たりの労働時間（時間　K）	時間 / 日
接客の労働時間（Ｌａ＝Ｉ×K）	時間
接客以外の労働時間（Ｌｂ）	時間
経営者（あなた）の労働時間合計（Ｌ＝La＋Lb）	時間

経営者（あなた）と家族の労働時間の合計（L1＋L2＋L）	時間 / 年

表Ｖ５　ざっくり原価計算シート（2018 バージョン）

出力結果

☆現在の経営の収支など

現在の経営の状況	ア	差引所得　（収入－支出）	0 円
	イ	今の経営でのあなたや家族の時給 （差し引き所得÷労働時間）は	0 円
	ウ	利潤　（差引所得－家族労賃・給与）は	0 円

☆お客様一人あたりにかかっている費用（ざっくり原価）

お客様一人・一泊当たりにかかっている金額	エ	お客さま１人にあたりかかっている費用 （ざっくり原価＝支出＋家族の労賃・給与＋経営者の労賃）	0 円
	オ	お客さまからいただいた料金から「ざっくり原価」を引くと	0 円
	カ	宿泊料金収入に占める（「食材費＋自給食材＋加工賃」）の割合は	0.0%
	キ	宿泊料金に占める「食材費＋自給食材＋加工賃」＋「家族労賃」の割合は	0.0%

☆ざっくり損益分岐点（あなたや家族の労賃は出るが利潤は０になってしまう分岐点）

ざっくり損益分岐点	ク	ざっくり損益分岐点 （あなたや家族の労賃は出るが利潤は０になってしまう分岐点）	0 円
	ケ	現在の収入－ざっくり損益分岐点） ★ここがマイナスだとあなたや家族の労賃が充分に得られていません	0 円
	コ	現在の宿泊料金で赤字にならないためには、あと何人の利用客数が必要か	0 人
	サ	現在のお客さま数で赤字にならないためには、お客さま一人当たり、あと何円いただかないといけないか	0 円

☆経営の危険信号（利潤も０、あなたの労賃も家族の労賃も０になってしまう分岐点）

経営の危険信号	シ	経営の危険信号 （利潤も０、あなたの労賃も家族の労賃も０になってしまう分岐点）	0 円
	ス	現在の収入収入－経営の危険信号 ★ここがマイナスだと持ち出しになっています。	0 円
	セ	現在の宿泊料金で赤字にならないためには、あと何人の利用客数が必要か	0 人
	ソ	現在のお客さま数で赤字にならないためには、お客さま一人当たり、あと何円いただかないといけないか	0 円

0になってしまう分岐点です。収入が「経営の赤信号」を下回ると、タダ働きどころか費用が家計や農業収入から持ち出しになっています。文字通り「赤字」です。

表Ｖ７　出力：シート集計結果

現在の経営の状況	差し引き所得
	あなたや家族の現在の時給（差し引き所得÷労働時間）
	利潤　（差し引き所得－家族労賃）は
	お客さま１人１泊当たりにかかっている費用（ざっくり原価）
	お客さまからいただいた料金から「ざっくり原価」を引くと
	宿泊料金に占める「食材費＋自給食材＋加工賃」の割合は
今の経営での損益分岐点売上金額	ざっくり損益分岐点（あなたや家族の労賃は出るが利潤は０になってしまう分岐点）
	現在の収入との差は
	現在の宿泊料金で赤字にならないためには、あと何人の宿泊客数が必要か
	現在のお客さま数で赤字にならないためには、お客さま一人当たりあと何円いただかないといけないか
	経営の危険信号（利潤も０、あなたの労賃も家族の労賃も０になってしまう分岐点）
	現在の収入との差は
	現在の宿泊料金で赤字にならないためには、あと何人の宿泊客数が必要か
	現在のお客さま数で赤字にならないためには、お客さま一人当たりあと何円いただかないといけないか

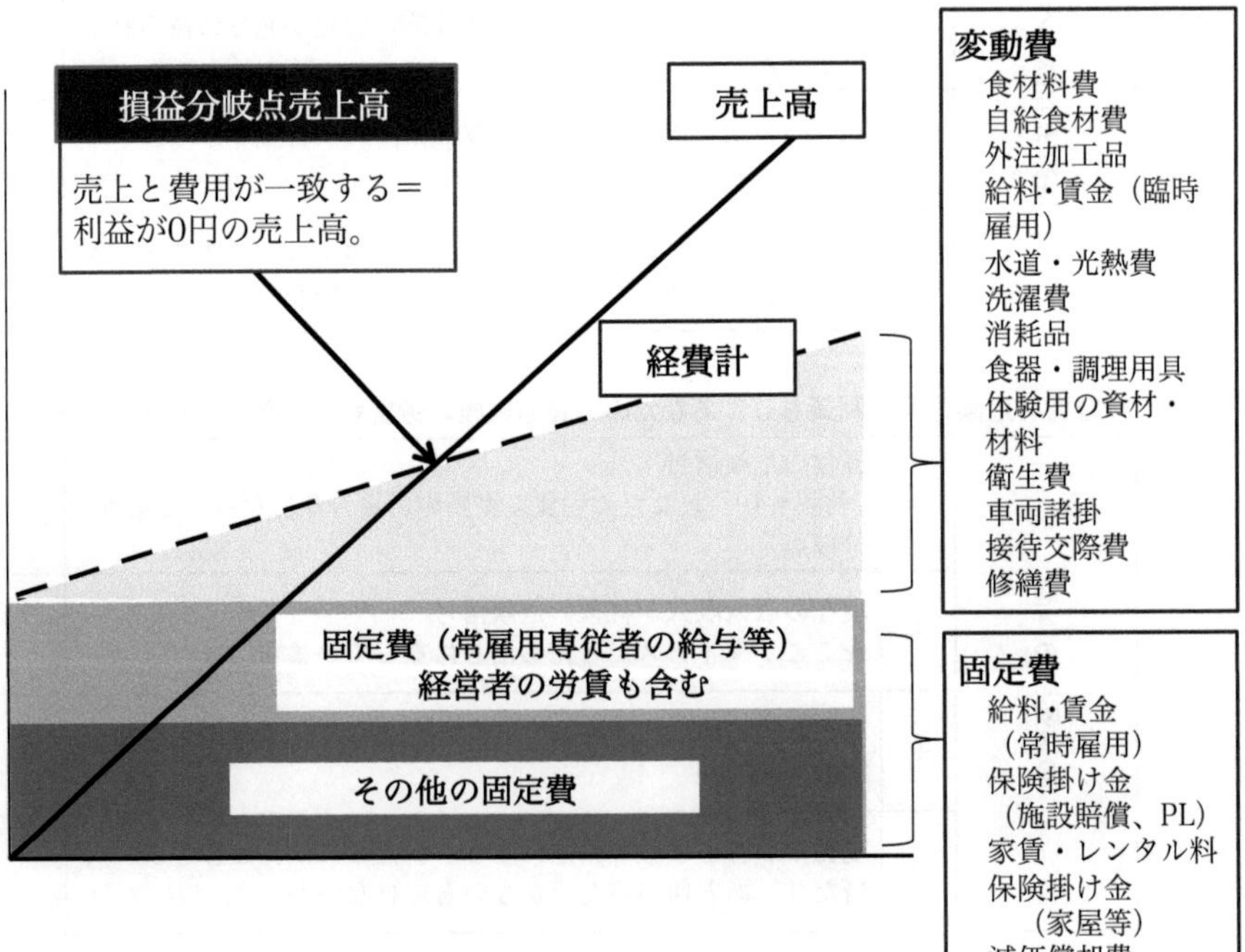

図Ｖ１　ざっくり損益分岐点売上高のイメージ図

第Ⅵ章　あらためて「持続可能な農家民宿」を考える

1　料金は「品質」と「価値」に対して支払われる

　ここまで、自分の農家民宿経営を、まず数字で把握してみようという提案について述べてきました。それは持続可能な農家民宿経営のために必要な作業でした。

　さて、こうして作業を重ねていくと、どこかで必ず「旅行商品」とか「マーケット」を考えなければならない時がやってきます。後で述べますが「社会からのニーズ」というものもあります。

　民宿経営者の方々はあるいは、「商品」という言葉に抵抗を感じるかもしれません。しかし、お客さまから見れば「農林漁家民宿」も「旅行商品」。数ある宿泊先・滞在先の中から選ばれる運命にあります。

　第Ⅰ章でも述べたように、農村ツーリズムの市場はまだ日本では十分に定着していないと思います。「農泊」では「持続可能なビジネスを目指す」とされていますが、どのような商品でも、売り先（お客さまから言えば選べる場所）がちゃんとできていないようではビジネスにはなりません。

　農家民宿を「商品」と実感するのはどのような場面でしょう。たとえば「誘客」「予約・決済」、そして近年よく話題に上がっているのが「品質保証・評価・認証」です。そこからさらに、「適正な価格」「値ごろ感のある価格」というものも考えることになります。

　農村ツーリズムは資源の増産や複製が簡単に出来るものではありません（もっともそれだからこそ値うちもあるわけですが）。従来型のマスツーリズムの商品群の中にそのまま放りこまれることを想像すると、なんともいえない不安な気持ちになります。

　自分が泊まりたい宿を探すと想像してみましょう。当たり前のことですが、料金は「品質」と「価値」に対して支払っていると思います。

農家民宿の持続可能な経営は、「農家民宿の品質」と「農家民宿の価値」と「価格」のバランスの上にあると思います。

第Ⅲ章で「気になる言葉の中にこそ農家民宿経営の核心がある」と述べたのは、このバランスの真ん中で苦労している経営者のもどかしい気持ちがそこに込められているからです。お客さまにたくさん来てほしい、そしてそのお客さまが農村、農家に価値を感じる方であってほしい、という願いであるともいえます。

本章では、商品としての農家民宿に関わりのある「品質」「価値と機能」「誘客」について考えてみます。

2　農家民宿の品質とは

今、「品質認証制度」が検討されています。これから「品質」という言葉を聞く機会が増えるかもしれません。

お客さまに喜んでもらえて、繰り返し来ていただけるようになりたい。農村への共感のある市場を作りたい。それは民宿経営者だけでなく、農家民宿を見守る行政や支援組織の願いです。そのためには「農家民宿を質の良い接客や居心地の良い空間にすることが大切ですね」ということには誰も異存はないのです。

ところが、農家民宿の「品質」、さらに「品質保証制度（以下、評価・認証の意味も含んで「品質保証」と呼ぶ）」へと話が及ぶと言われると、多くの人が戸惑った表情を浮かべます。私も過去に「品質保証」についての議論や、経営者へのヒアリングを経験したことがありますが、尻込みする方もたくさんいました。抵抗を感じるという方もいました。それはなぜかを考えてみました。

まず、「品質」という言葉がたいへん分かりにくいのだと思います。自分の宿の「品質」ってどういうことだろう、とあらためて考え込む経営者がいる一方で、困ったことに「品質保証制度が必要です」と提言する方々の中にもいろいろな解釈や捉え方が混在しています。かくいう私自身が充分な理解ができている自信もありません。

また、「保証（評価）」というとすぐに「格付け」を連想して、「一方的に優劣を付けられること」と受け止められがちです。それは経営者にとっては不安なことです。こんなに頑張っているのに不本意だ、という思いもあるかもしれない。

「品質保証」については非常に優れた文献[1]がありますし、

1 鈴江恵子（2008）『ドイツ―グリーン・ツーリズム考　田園ビジネスを創出したダイナミズム』。東京農大出版会
青木辰司，小山善彦，バーナード・レイン（2006）『持続可能なグリーン・ツーリズム―英国に学ぶ実践的農村再生―』丸善

すでに制度を作ろうとする動きも始まっているので、ここではこれまで私が現場で見聞きしたことを「農家民宿の品質」という視点で簡単に整理をしてみたいと思います。

まず「品質」を、大きく「客観的品質」と「主観的品質」の二つに分けます。なお、サービス業の品質として不可欠である「安全対策」は満たしていることが前提です。

（1）客観的な品質

「客観的な品質」とは、「宿泊施設が備えているべき要件が要求される水準を満たす度合い」のことです。表示・ランク付けの対象になるのがこの品質です。

三つ星、四つ星、というのがすっかり定着しているホテルの☆表示は、客室面積、客室設備（バスルーム、トイレ等）、館内設備（電話、共同シャワールーム、エレベーター等）、フロント（オープン時間、従業員が外国語を話せるか等）によって段階的に決められています。

また、農家民宿においてもフランスのジット・ド・フランスの「格付け」はこのようになっています。（表Ⅵ１）

「あり」「なし」（あるいは「やっている」「やっていない」）で判断するのはとても分かりやすい。経営者、お客さま、評価をする審査員と立場が異なっても同じ判断ができます。

もちろん、設備や備品がただ備わっているというだけでなく、それがいい材質、デザイン、機能という付加価値があれば、「値打ちものの器が素敵だった」「調度が見事だった」というように「品質」はさらに高く評価されます。

（2）主観的な品質＝「価値」

ここでいう「主観的な品質」とは、「お客さまが求める特性と合致する度合い」のことです。いわゆる「口コミ」はこの品質をよく捉えています。

「主観的品質」は、「設備や施設のレベルの高さ」とは必ずしも連動しません。

農家民宿でいえば、「旅館ホテルのような客室仕様でもなく設備施設も家庭レベルの農家民宿」を選ぶ理由。つまり、古い客室で不便な設備しかなくても、あるお客様にとっては居心地の良さが最高、という「高品質」があります。食についても同様で、洗練され高度な調理技術でなくても、素材の新鮮さや垣間見える食文化に感動するということもあります。それらは、お客さまが農家民宿に感じる「価値」です。最近増えているという外国人旅行客の「普通の民家に泊まりたい」という要望も、ここに通じるものがあります。また第Ⅱ章で述べた農業や農村が持つ「機能」もまた、農家民宿の無視できない「価値」ということができます。

農家民宿の「客観的な品質」と「主観的な品質（価値）」について、たいへん分かりやすい図があります（図Ⅵ１）。

左は「農家民宿」はまず「宿泊業」として満たすべき要件を備えた中に「農林漁家らしい、田舎ならではの品質」が内包されるという考え、右は「農林漁家らしい、田舎ならでは」

表Ⅵ 1　ジット・ド・フランスの「ジット」の格付け

※ジット・ド・フランスの認証は、ジットの設備の明確な基準（1～5の麦の穂）及び国家憲章の遵守を保証する。

1つの麦の穂	小型オーブン又はロースター又はグリノレ・ガステーブル、圧力釜、冷蔵庫、小型家電製品(コーヒーメーカー、ミキサー、トースター、やかん)、掃除用具、基本的な清掃用品。子供用いすとベビーベッド(ご希望の場合)、テーブルクロス類(ご希望の場合)、アイロンとアイロン育、庭 サロン,★6人までの場合シャワー室とトイレが1つずつ、7人以上の場合はシャワー室がもう一つ付く(内1つは独立型入口)
2つの麦の穂	「1つの稲穂」の基準に加えて、又はそれに代わるものとして、以下の設備が付く。下着洗濯機(4人以上の場合).TVアンテナの口、バーベキュー(その地域で禁止されている場合を除く)、シーツ及びタオル類(ご希望の場合)。
3つの麦の穂	「2つの稲穂」の基準に加えて、又はそれに代わるものとして、以下の設備が付く。独立型人口(共通玄関の場合もあり)、庭園サロン付専月庭(又はテラス)、専用駐車スペース、食器洗浄機(4人以上の場合),オーブン及び電子レンジ、冷凍スペース付冷蔵庫、専用下着洗濯機、カラーテレビ、電話 掃除サービス(ご希望の場合),2つのトイレ(7人以上の塲合、内一つは独立型7,ヘアドライヤー。
4つの麦の穂	「3つの稲穂」の基準に加えて、又はそれに代わるものとして、以下の設備が付く。趣のある家、抜群の環境と内装、食器洗浄機、自動器具、電気衣類乾燥機(6人以上の場剖、薄型テレビ、ハイファイステレオ,DVDプレーヤー、本棚。
5つの麦の穂	「4つの稲穂」の基準に加えて、又はそれに代わるものとして、以下の設備が付く。専用庭付一軒家又は特別な集合住宅の専用玄関、専用の風??式底?(本物の自然を模して造られた人工庭園)、専用駐車スペース1つ以上の娯楽施設(テニス、プール、サウナ、ジャグジー等)の利用、電気衣類乾燥機、インターネットアクセス、到着時のベッドメーキング、タオル類、4人までの場合はシャワー室とトイレが1つずつ、5人以上の場合は2つ目のシャワー室とトイレ(これらは独立型人口)。

ジット・ド・フランスの「貸部屋」の格付け

1つの麦の穂	シンプルな部屋
2つの麦の穂	設備がある程度付いた部屋 各部屋に少なくとも1つの専用のシャワー室又は浴室
3つの麦の穂	設備がかなり付いた部屋:各部屋に専用の水回り設備ーナ(バス、トイレ、シャワ一、洗面台)
4つの麦の穂	設備が充実している部屋、各部屋に専用の水回り設備一式建物も趣があり、周りの環境も良い」追加サービスが受けられることもある。
5つの麦の穂	設備が特に充実している部屋:敷地内に駐車場有、風景式庭園、1つは上の娯楽施設(プール、サウナ、ジャグジー、共同浴場等)の利用、各部屋に薄型テレビ付きサロンコーナー、マルチ水流シャワー又はバソネオ式バスタブ、キャシュカードでのお支払い。

ジット・ド・フランスの「グループ向けジット」の格付け

1つの麦の穂	リビングルーム、食事スペース、休憩スペース又はアクティビティルーム。ベッド間の仕切りなし。
2つの麦の穂	電話、乾燥室、貯蔵室。
3つの麦の穂	整備された隣接地、本棚、みんなでするゲーム又は楽器、食器洗浄機及び衣類乾燥機。希望があれば、シーツとタオルも提供。

ジット・ド・フランスの「キャンプ及び山小屋」の格付け

1つの麦の穂	家主の住居が近くにあること・整備済み物干し用具、洗濯用桶1つ、トイレ1つ。そして用地の数にもよるが、1～3か所の外水道、1～3つの洗面台、1～3つの温水シャワー、1～3つの食器洗い桶。
2つの麦の穂	「1つの稲穂」の設備に加え、子供・大人の遊び場。
3つの麦の穂	「1つの稲穂」「2つの稲穂」の設備に加え又はそれに代わるものとして電気引込線、用地の少なくとも30%にキャンピングカー、化学処理トイレ用汚水受け、駐車場、屋根付き小屋及び公園施設、そして用地の数にもよるが、2～3つの洗面台、2～4つのシャワー、1～3つの食器洗い桶、1～2つの洗濯機、2～4つのトイレ。
4つの麦の穂	「3つの稲穂」の設備に加え(又はそれに代わるものとして)、屋外照明、ルーム、1日中アクセス可能な電話。そして用地の数にもよるが、2～4つの洗面台、5つのシャワー(1～2つの洗面台付き)、2～4つの食器洗い桶、1～3つの洗濯用桶、5つのトイレ。

ジット・ド・フランスの「子どもジット」の格付け

子どもジット	「子供向けジットは、ジット・ド・フランスの認証を受けている。国家憲章にも賛同している。子供が6人以上の場合、受け入れ家庭には1人又は複数の指導員が補佐として付く(収容人数による)。子供向けジットは以下のような認可資格を持っている。「DDASS(衛生・社会福祉活動の県指導部)による認可」や「DDJS(青少年スポーツ県指導部)による認可」

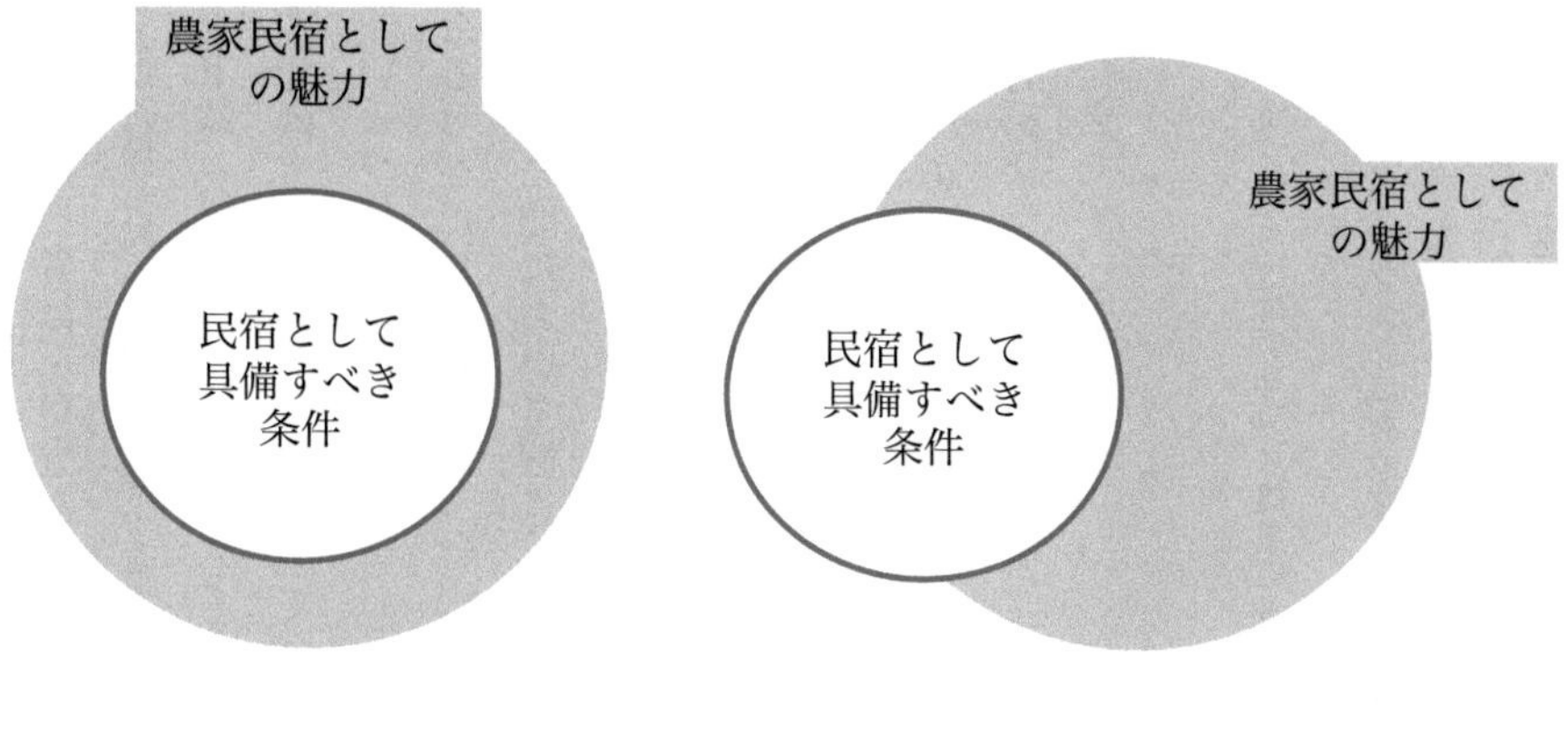

「農家民宿」は「民宿」として具備すべき条件をきちんと備えた上でさらに一般の「民宿」にはない魅力をもつべきとの立場。

「農家民宿」には農家としての魅力があるのだから「民宿」として具備すべき条件が多少欠けていてもＯ．Ｋ．との立場。

図Ⅵ１　農家民宿の「具備すべき条件」と「魅力」の関係

原図：竹本田持「Ｉわが国における農家民宿の品質管理をめぐる課題」ｐ４「日本の民宿における品質保証に係る可能性と課題－品質管理に係る要点とランク付けの検討」（財）都市農山漁村交流活性化機構 平成18年３月より

の宿なので一般的な「宿泊業」の「仕様」に収まらなくてもよいという考えです。

私はどちらかというと左図支持ですが、「本物の農家に泊まること」を強く希望しているお客さまは右図でよしとされるかもしれません。つまり、従来の「宿泊施設仕様」にはなっていないけれど、従来の宿泊施設には無い「魅力」がある宿ということです。

自分の宿の「主観的品質＝価値」とは何かをじっくり考えて、「建物は趣があるが設備は旧式。その分、宿泊料は安めにして気楽に泊まってもらう」という選択もあるでしょうし、「少し料金が高くなっても農家ならではの良質な食を大切に提供する」のもありです。「設備や施設は民家の水準そのまま、ざっくばらんに、里帰りした家族のように接する」に徹するのもよいと思います。

各民宿が目指し、自分らしさとして自負すべき「主観的な品質」は多様であってよいのです[2]。それこそが第Ⅲ章にいう本物、ありのまま」に込められた経営者の思いであり願いです。

（3）品質コントロールは重要

「自負する品質は多様であってよい」と書きましたが自負だけではひとりよがりになりがちです。品質が低下していない

2　第Ⅱ章で述べたように、これからはお客さまが求める「客観的品質最低限のレベル」は高くなる傾向はあります。

かどうか、常に品質コントロール（チェックと修正）が必要です。

フランス最大の農家民宿の予約サイトであるジット・ド・フランスの担当者は、自分たちの品質コントロールについて「品質を維持し続けることがブランドになる」と言いました。ブランドは「信頼」ということとあらためて思いました。

日本では、善意があり頑張っていれば心は通じる、という人が多いように見受けられます。しかし、通じない場合がある、と考えるべきだし、心とはつい緩みがちなものです。コントロールは常に頭において置きたいものです。それに、品質を保ち向上させることは、自分の経営だけの課題ではなく農家民宿全体（農村ツーリズム）が信頼を得ることになると思います。

フランスの3つの農家民宿に関するネットワーク[3]が、それぞれどのような品質コントロールをやっているかのインタビュー結果です。（表Ⅵ2）

3「農家へようこそ」はフランス農業会議所の事業であり「現役の農家」が対象のネットワークです。
「ジット・ド・フランス」は宿泊施設のネットワークであり、以前は農家民宿がほとんどでしたが、近年は他の宿泊施設が多くなってきているものの農家民宿を扱う最大の予約サイトです。
「農家のもてなし連盟」は地方の小農の連盟から発生しており、農家経営の多角化によって「小農を守り地域を守る」ことを目指す農家のネットワークです。

表Ⅵ2　フランスの３つの農家民宿に関するネットワークが行っている品質コントロール

※インタビューによる（2015）

	「農家へようこそ」全国連盟	ジット・ド・フランス全国連盟	「農家のもてなし（アクイユペイザン）」全国連盟
各ネットワークが実施している品質コントロール	「農家へようこそ」のネットワークに参加する場合、「倫理憲章」と固有の「仕様書」が定められている。「農家へようこそ」で共通倫理が定められておりそれを守ることで消費者に対して一定の価値を提供出来ることになる。 消費者にとっては農産物やアグリツーリズムのサービスに関して質が保証されることになる。	麦の穂で格付けし品質を保証する。 格付けは、まず開業前にコントロールが入り、家具や地理的条件などを加味して審査が行われて決定される。ブランドを損なわないよう、顧客との関係に注意してくださいと宿主には伝える。 宿主は、ジット・ド・フランスの価値を理解していなければならない。 開業後は５年ごとにコントロールが行われる。	初年度に全体的な審査を行う。 入会審査の訪問では、法規制をクリアしているかどうかに加え周囲との人間関係、どのような農業を行っているのかを見る。審査では「安全性」、「清潔」、「もてなし」の３点を重視している。ただし「おもてなしの品質」は１回では判断できないので１年〜３年の試用期間を設けている。 チェックの結果「可」となれば本部から、県支部又は州支部に対して、ラベリングとそのために必要なツールを支給する。 フォローアップ、各種の権限付与、トレーニング、情報提供等がある。 ３年目以降は変更点についてのみ行う。利用者（客）がチェックすることもある。

ご覧のとおり、「格付け」をしているのは「ジット・ド・フランス」のみです。でもあと二つのネットワークもそれぞれ「仕様書」[4]をもとに審査し定期的に品質コントロールを行います。「品質保証（評価）」と聞くとすぐに「格付け」だけを連想してしまいがちですが、本当に大切なのはこの「品質コントロール」だと思います。

なお余談ですが、農家のもてなし連盟（アクイユ・ペイザン）では、加盟に当たっての審査で「小農（効率性優先の大規模経営とは異なる）」ならではの取り組み、例えば環境保全型の農業、有機農業などのほか、「地域の中での人間関係」までもがチェックされるといいます。

3　農家民宿の価値と機能とは

(1) 新しいモノサシ

誤解をおそれずに言うと、背景にある文化や環境、提供する良質な食などに価値を感じない人にとって農家民宿は素人っぽい安い宿にすぎません。

でも第II章で確認したように、農家民宿にこよなく愛着を持ち価値を感じて来訪するお客さまもいます。

ここから分かるのは、これまでの宿の評価基準では農家民宿の魅力を測ることができないということです。農家民宿の魅力と仕様をきちんと伝える「新しいモノサシ（価値観）」が必要だと思います。

農村ツーリズムのPRというと、ほとんど個別の地域や民宿紹介、事例紹介になっています。でも今本当に必要なのは、「農村ツーリズムというもの」を（実際に足を運ぶかどうかは別として）社会全体に知ってもらうこと、農村ツーリズムという旅のジャンルが定着することです。そのうえで小さな各地域や民宿が個性や独自性を主張すればよいのです。

(2) 社会から期待される「機能」？

農業や農村は環境を守り、水源を涵養し、国土を守っていると言われてきました。さらに、都市の生活で失われた教育力や福祉の面での効果を持っていると言われてきました。このような農村ツーリズムや農家民宿が持っている「機能」にも以前から期待が集まっています。

正直なところ、私はよくこう思ったものです。これらの「機能」は、都市側が効率性や利便性を求めたその結果自ら失ってしまったもの。それが、農村にある（正確に言うと、残っている）からといって、「欲しいところだけ味わいに行けばいい」というのはなんてムシのいい考え方だろう、せめてちゃんとした対価を支払って欲しい、と。実は「ざっくり原価計算」の中にはこういう思いも含まれているのです。

そして、福祉面や教育面での効果を期待するお客さまを農家民宿が単独で受け入れることを私はずっと危ぶんでいまし

4 この「仕様書」はフランス語の直訳で、日本ではあまり意識されていない「契約」の考え方です。

た。過去には実際に危険なことがあったり、困ったことがあったりしました。そういうことはなかなか表には出てきません。

農業・農村の持つ「機能」、特に福祉や治療、教育の提供に当たっては専門的なノウハウや資格を持った団体との連携が重要です。フランスの「農家のもてなし連盟（アクイユ・ペイザン）」は、組織的に福祉や治療、教育の専門の団体と連携しています。まず大きな組織同士が提携し、必要な研修、資格の取得を進め、受け入れをしています。

4　農村ツーリズムの誘客

(1) ただ来てくれさえすればよいのか

今から15年以上前のこと。全国的にも著名なデザイナーさんに「グリーン・ツーリズム」のパンフレット作製を指導していただいた経験があります。分かりにくいアクセス経路をどう書けばいいのだろうと悩む私たちに、デザイナーさんは言いました。「分かりにくくていいよ。探し求めてでもやってくるようなお客さまに来ていただこう」。当時私はおっしゃることの深い意味が分かりませんでした。今になって、農家民宿の誘客のポイントはここにあったのだと気づきます。さすが梅原真さんです。

誘客にはいろいろな意味、意義があると思いますが、「存在を知られること」と「簡単に来てしまえるようにすること」は、全く意味が違うことなのです。

(2) 持続可能な価格設定

農村ツーリズムの市場を大きく育てようとするなら、「市場側」の旅行会社や予約サイトの力は絶大です。農泊推進資料にも「地域の特色ある取組を旅行会社等に認識してもらう機会が少ない」という関係者の声があります。

もうずいぶんと前から旅行会社も「地域振興」につながる観光に取り組む、という話を聞いています。そこで旅行会社や予約サイトに、ぜひ農家民宿の「魅力」だけでなく「価値」と「適正価格」についても関心を持ってもらいたいと願います。

持続可能な特色ある宿（を含む地域）を大切に取り扱うこと、それは旅行業界や予約サイトにとって長い目で見れば損にならないことだと思うのです。

5　「品質保証（評価）」への期待と懸念

「品質保証制度」がヨーロッパの農村ツーリズム定着に大きな役割を果たした、という報告はたくさんあります。日本でも「品質保証制度」の調査研究は何度か繰り返され、局所的ですが試行もされました。

「品質保証制度」の大きなメリットとしては、その農家民宿の設備、提供する（できる）サービスを分かりやすく示すことで、お客さまはその民宿がどんなところであるか分かり、納得して選ぶことができるようになります。そして品質コントロールによって信頼を確保して、「農家民宿」という商品が市場の中で信頼を得ていくことにもつながります。
ただ、その一方で懸念もあります。

「品質保証制度」では高度な機能のある設備や、材質のよい（結果的には高価な）内装や設備・備品を取りそろえた宿のほうが、当然「ランク」は高くなります。多くのお客さまは田舎らしさを味わいたいと言いながら同時に都会水準の設備や空間を求めるものですし、農村ツーリズムや農家民宿のことをよく知らない人は「客観的な品質」しか判断材料がありませんから、料金が同じとしたら、設備が整っていないよりも整っているほうがいいと考えるのが人情でしょう。身も蓋もない言い方ですが、多くのお客さまは自然、農村景観、良質な「食」を都会水準の設備の中で味わいたいと思っています。

「ランク付け」は、やり方によっては投資を強いることになり、小規模で家庭的な民宿を淘汰してしまう可能性があります。山崎光博氏も、著書の中でこの危険性について懸念しています。これだけが理由ではないかもしれませんが、近年のドイツやイタリアの農家民宿に関する報告書や紀行文の中でも「小規模・家庭的な民宿から設備の整った洗練されたものになりつつある傾向」がうかがえます。

さらに「品質保証」や観光サイドのからの誘客は分かりやすさや比べやすさが優先されます。最低限必要な施設や設備、と言っているうちに民宿が均質化されることも考えられます。

その結果、個性的な魅力を持ち、都市住民とつながりにおいても地域の中でも力を発揮している「小さな宿」がどんどん少なくなるとしたら、地域の中の多様性・独自性を守るという面からも残念なことです。

さて、日本の農村の中にはどのような宿が残るのでしょう。正直なところ、楽しみなような怖いような複雑な気持ちです。

6　品質も自立の心で

2018年、「日本ファームステイ協会」が発足しました。サイトによると、「国際市場が求めるサービス水準を満たした、旅行者にとって魅力的な地域づくりに貢献する」ため「農泊・ファームステイ実施地域と支援事業者の総力を結集し、会員同士の交流と継続的な研鑽を促進するプラットフォーム」の役割を担う」というものです。

目指す役割は、

1　多様な関係者（業界・企業）の知見とノウハウを結集し、全国の農泊事業者・地域の様々な課題解決を一元的かつ全国的に支援

2　旅行者に安全・安心・満足を提供し、農泊施設経営者に目標と指針を示す品質認証制度の運用

3　旅行者の多様なニーズに応じた情報発信、および農泊事業者・地域のプロモーション支援

基本協会活動は、

1　課題解決支援
2　人材育成
3　品質認証
4　情報発信・プロモーション

とされています。

活動を開始したばかりなので、実際どういうものかはまだ分かりません。構成メンバーや発足の目的を見ると、これまで薄いと感じてきた「マーケット（市場）の形成や発達」を進めるもので、やっとここまで来たと感慨深いものがあります。そして、いい意味でも悪い意味でも農家民宿にとっての「外圧」が高まると感じます。

そうなると、これまで確認してきた「経済的な自立」はもちろんのこと、「市場形成や誘客」についても自分で考え判断していくことになります。

例えばこういうことがあります。

実際にある予約サイトに登録した農家民宿で「うちでは体験プログラムを提供していないのに、サイトでは体験がウリの民宿のように紹介されている」ということがありました。しかしそれはサイト側が悪いのではありません。自分の確認が足らなかったのです。

予約サイトは「登録さえすれば、農林漁家民宿を過不足なく紹介して良いお客さまがアクセスしてくれる」わけではありません。

また、自分の考えや取り組みが、その旅行会社のツアーのテーマとずれているとか、そのサイトが扱っている他の民宿には違和感を覚えるということもあるかもしれません。加入を決める時は「どんなサービスが受けられるか」に気をとられがちですが、そこが農家民宿をどのような商品として取り扱おうとしているかについてもチェックすることが必要なのです。

農家民宿経営者の皆さんが支援組織に対して抱いている期待や姿勢の中に、「身を委ねていればよい」という意識を感じるときがあります。また「品質保証（ファームスティ協会では「品質認証」と表現されています）」についても何かの権威に基づいた「従わねばならぬ」もののように受け取る傾向もあります。

これは農家民宿に限ったことではなく極めて日本人的な考え方・メンタリティのように思います。しかし農村ツーリズムや民宿経営（農業の多角化）が「持続可能な農村・農業を実現するためのツールである（第I章）」ように、このような支援や制度もまた「地域振興や家業を続けるために用いるツール」として使いこなすものです。少なくとも身を委ねるものや従わなくてはならないもの、ではありません。自分と自分の地域のために活用するものです。

そして（余計なお世話と言われそうですが）、私は本当は支援にかかる費用も自己負担にして自分が必要なものが得られるようにしたほうがよいと考えています。

支援団体との関係について考える時、私はいつもフランスの2つのネットワークジット・ド・フランスとアクイユペイザンのことを思い出します。

民宿経営者はそのネットワーク（組織）の憲章、仕様書、加入のメリットがあるか、などを検討し加入の手続きをします。そして仕様書に基づいた審査を受けて加入できるという仕組みになっています。その後は、年会費（2万円程度）を払ってサービスを享受します。

ここでいう憲章とか仕様書は、これまでの日本の農村・農業にはなじみのない言葉（概念）です。組織と民宿、民宿とお客さまの間に結ばれる契約という考え方も（実際にはあるのですが）意識されていないことが多いと思います。でも、ネットワークや支援組織と自分とは、またお客さまと自分とはどういう関係にあるのか、どういう関係でいるのがよいのか、ぜひ一度考えてみることをお勧めしたいのです。

「品質保証」というものは、何か絶対的な基準があって農家民宿全てがそれを満たすことを強制される、という性質のものではありません。その制度を作ることの目的や効果や意義（例えば市場の拡大や誘客）があり、それを達成するために必要な取り組みをしようというものです。民宿経営者と制度との関係は「合意」と「約束」です。

まず、経営者はその制度の「目的や効果や意義」に同感し、「その制度の定める品質の考え方や取決め」に納得し、加入のメリットがあると判断したら、加入申し込みをします。経営者の宿が制度の基準を満たしていたら加入が許されます。ここが経営者と制度（加入先）の間での「合意」です。

加入した経営者は「その制度の定めた品質」を提供します。これが「約束」です。そして「約束」は果たさなければなりません。

仮にどうしても約束が果たせない状況になったり、加入のメリットがなくなったり、自分の進みたい方向が制度の考え方と異なるようになった、というような場合は退会すればよいのです。退会したからといって民宿経営が全否定される訳ではありません。むしろ無理して続けた結果「品質の偽り」が生じたり「我慢しすぎて経営がつらくなる」ようなことになるくらいならその方がよいのです。

そして私は、いろいろな認証があってもよいと考えています。例えば、

- 前述したアクイユ・ペイザンのように「小農（効率性優先の大規模経営とは異なる）ならではの農業」を守る取り組みとしての農家民宿の認証
- 食文化を守る取り組みとしての農家民宿の認証
- グリーンキーのような環境保全型の民宿経営をしている農家民宿の認証

・農産物でいうところの「GAP」のような農村・農業を持続可能にする取り組みとして農家民宿の認証などもありではないかと思うのです。第Ⅱ章で「(経済的な)自立は自分で」と述べましたが、「市場」「誘客」についてもやはり同じことがいえるのです。

7 農家民宿の「費用」から大切なものが見えてくる

農家民宿の原価計算をすると2つの重要な「費用」が浮かび上がってきます。

まず、「未来への費用」です。

フランスのジットの調査では、「収入はそれほど大きい金額にはならないが、民宿経営をすることによって、古い価値のある、あるいは自分たちが愛着を感じる建物の保全ができていることを重く評価している」という回答が多かったそうです。日本においても朽ち果てるには惜しい古民家や空間が民宿に活かされているのを見ると、確かにそうだ、と思います。

建物、風景、自然環境、文化。今ここにある「地域の価値」は過去からの時間と人手の蓄積が作り出してきたものです。言いかえると今の維持管理にかかる費用は同時に「未来への費用」でもあります。そしてこれからも人が住み続けないと「未来への費用」は途切れてしまうのです。

そしてもう一つは「分かちあう費用」です。

農家民宿に宿泊するお客さまのアンケートや宿泊者ノートからは、お客さまが水田の風景やきれいな川の水、囲炉裏の炭火に満足している様子が伝わってきます。

もし旅館だったら、空間の管理(庭師や造園家への支払い)、演出(炭やキャンドル、生け花など)は費用に計上されているでしょう。でも、農山漁村の風景や空間の多くは農林水産業が営まれることで形作られ維持されるものです。

稲作のお金の動きと、民宿のお金の動きを簡単に図示してみました(図Ⅵ2)。

稲作からは「農産物」と同時に「景観・環境」が生まれます。「景観・環境」は都会の市場に運びもできなければ売ることもできないので売上はない、つまり「なかったこと、意識されずにきたこと」になります。

そこに農家民宿の費用と収入を並べてみましょう。

民宿部門では生産されたお米が付加価値をつけてお客様に提供されています。そしてお客様は都会にない空間稲作で生産された「景観・環境」に代金を支払っていると考えることができます。

中山間地の米生産は多くが赤字(原価割れ)しているといわれますが、民宿はその赤字を埋め、今まで意識すらされていなかった「景観・環境」を売ることができるのです。

専門家には何をいまさらと言われそうですが、私にとってはこのように農林水産業と民宿業のお金の出入りを並べてみることによってはじめて実感できることでした。

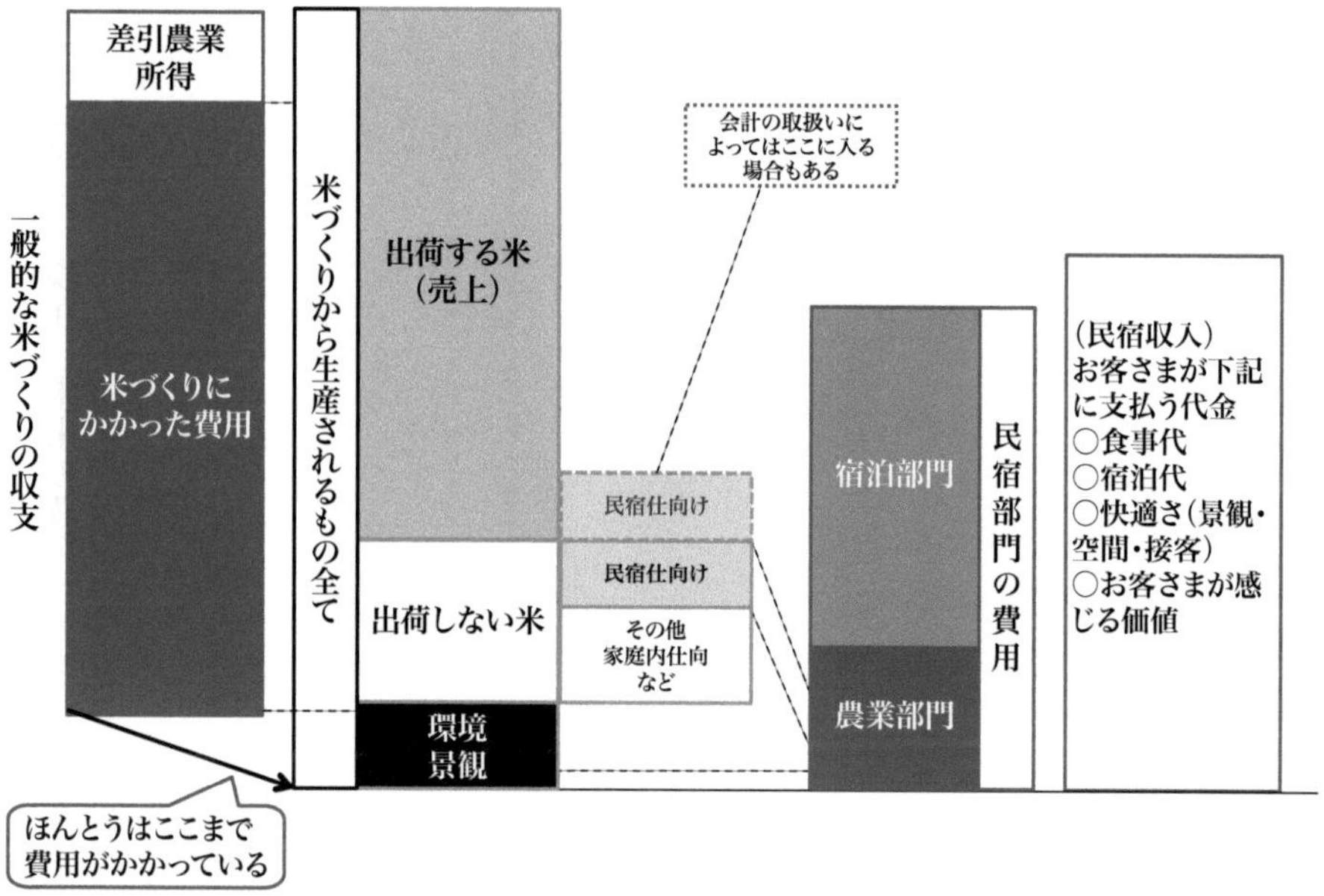

図Ⅵ２　民宿経営の「費用」から何が見えるか

農家民宿組織「アクイユペイザン（農家のもてなし連盟）」の創始者であるＪＥＮＥＶＡ（ジェネーヴァ）夫妻は、「規模の大きい農業は合理的ではあるが、環境や景観を犠牲にして発展する。私たち小農こそが環境や自然を守っている」と言いました。そういうときの二人の表情には誇りが感じられました。福岡県で「地産地消」「農業の次産業化」を核とした事業を展開する株式会社グラノ２４Ｋ社長小役丸秀一氏によれば氏の父君はかつて「農産物は環境とともに買ってもらうのだ」とおっしゃったそうです。ここにも同様の意味がこもっていると感じます。

このように農家民宿の「費用」は、農林水産業の費用と、さらにはお客さまとともに地域や環境を守っていく費用が共有されています。みなで分かち合う費用といってよいと思います。

大きな産業や就業の場がない中山間地域では、観光による地域振興につい注目しがちです。交流人口を増加させよう、そのため農村ツーリズムや農村体験型観光を進めようとします。しかし、最終的にそれが定住人口をささえることができなければ、実践する人たちは疲れ、いつか終わってしまうでしょう。もうすでに似たような話も聞こえてきますが、一方で「儲ける農泊」という言葉も見るようになりました。持続可能な農家民宿経営への関心が出てきたのはうれしいことです。

日本の農家民宿が、手厚い所得補償があり、テロワールやスローフードを生む精神風土を持つヨーロッパと全く同じようになっていけるとは思えませんが、その発展と定着には経営を数字（過去、現在、未来の費用）でとらえる作業が重要だと思います。

おわりに

「数字でとらえる」といえば、政策の評価も数字で測られます。これまでの農家民宿の推進における行政サイドの関心はもっぱら開業促進にあり、規制緩和とその運用に集中してきました。おそらく今後も「開業数」や「宿泊客数」の増加に力点がおかれることと思います。

農家民宿への研修も、まず開業研修。開業後はというと、主として料理やサービスのレベルアップ、ホームページ作成等の研修が多いようです。各地で作られている「手引き」も「開業手続き」と「接客・誘客（品質向上）」に大別されます。本書で提案する「ざっくり原価計算」は、この「開業手続き」と「接客・誘客（品質向上）」の間をつなぐ試みです。

本書は「勇気をふるって自己責覚悟で開業し」「地域の理解を得ようと心を砕きながら」経営を続けている全国の農家民宿の経営者の方々に敬意とともに捧げるものです。

日本の農村ツーリズムの中で、「採算性に裏付けられた高品質」の「人間味あふれる農家民宿」が生き生きと経営を続けていくことを願ってやみません。

末筆になりましたが、筆者の拙いライフワーク活動をいつも温かく見守ってご指導くださる青木辰司先生（東洋大学）、原直行先生（香川大学）、竹本田持先生（明治大学）、金丸弘美さま、イタリアのアグリツーリズモの貴重な学びの場をくださった工藤裕子先生（中央大学）、専門的な立場からの貴重な助言をくださった鹿島修珠（鹿島会計事務所）さま、中根裕（ＪＴＢ研究所）さま、並木志乃（東京大学）さまに厚くお礼申し上げます。

※肩書きは本書初版時のもの

引用文献・参考文

【1】青木辰司，小山善彦，バーナード・レイン（2006）『持続可能なグリーン・ツーリズム―英国に学ぶ実践的農村再生―』丸善

【2】井上和衛（2005）「農業・農村体験の意義と課題（農業・農村体験ビジネス　体験ビジネス支援の政策展開の現状と課題）」『農業と経済』71（8臨時増刊号）

【3】オーライ！ニッポン会議（2012年）「農家民宿の魅力把握調査」

【4】加登豊，山本浩二（2006）『原価計算の知識』日本経済新聞社

【5】金丸弘美（2011）「地域ブランドを引き出す力 トータルマネジメントが田舎を変える！」合同出版

【6】小俣寛（2005）「2005 フランス農村観光政策調査報告書　農村ツーリズムを取り入れた農村政策―地域農業ブランド戦略としての農村観光と農家民宿」（財）都市農山漁村交流活性化機構

【7】（財）都市農山漁村交流活性化機構（2006c）『日本の民宿における品質保証に係る可能性と課題―品質管理に係る要点とランク付けの検討』

【8】澤真知子（2000）「十勝における農家民宿の経営方向」『北海道農村生活研究会報』第10号

【9】霜浦森平・坂本央士・宮崎猛（2004）「都市農村交流による経済効果に関する産業連関分析―兵庫県八千代町を事例として―」『農林業問題研究』第40―2

【10】鈴江恵子（2008）『ドイツーグリーン・ツーリズム考　田園ビジネスを創出したダイナミズム』東京農大出版会

【11】竹本田持、手塚元廣、桐木元司、他（2006）「日本の民宿における品質保証に係る可能性と課題―品質管理に係る要点とランク付けの検討」（財）都市農山漁村交流活性化機構

【12】竹本田持（2007）「農村における地域内発型アグリビジネスに関する実証的研究」明治大学大学院農学研究科博士学位請求論文

【13】中央経済社編（2008）『会計法規集』（第28版），中央経済社

【14】中村攻（2006）「ヨーロッパ諸国のグリーン・ツーリズムとわが国での構想」「日本のGT」都市文化社

【15】三橋伸夫・小山善彦（2002）「英国イングランドにおける農場民宿の評価・登録制度」日本建築学会技術報告集第15号231―234頁

【16】宗田 好史（2012）「なぜイタリアの村は美しく元気なのか：市民のスロー志向に応えた農村の選択」学芸出版社

【17】山口県（1999）「農家民宿の経営指標」
【18】山崎真弓，原直行（2014）「農林漁家民宿の女性経営者が感じている満足と課題―農林漁家民宿おかあさん100選アンケート調査結果から―」『香川大学経済論叢』香川論叢第86巻第4号
【19】山崎真弓・原直行（2014）「持続可能な農家民宿の実現についてⅠ― 経営多角化の視点からみた農家民宿の経費の特徴――」直行香川大学経済論叢第87巻第１・2号２０１４年9月
【20】山崎光博（2003）「ドイツにおける「農家で休暇を」事業に関する研究」『明治大学農学部研究報告』第137号
【21】山崎光博（2005）『ドイツのグリーン・ツーリズム』農林統計出版
【22】ＷＡＮ研究所（2007）「女性の起業とそのノウハウ（１）～（８・完）」『農林経済』第9882号～第9907号

解説

香川大学経済学部教授　原　直行

山﨑眞弓氏は高知県のグリーン・ツーリズムの生みの親と言ってもよい。県庁時代にグリーン・ツーリズム担当になり、県西部幡多地域を中心に県下全域に普及させた。その時にとくに力を入れたのが農林漁家民宿の開業支援である。そして、この開業支援が彼女のライフワークとなった。全国の農林漁家民宿を飛び回って調査を続け、さらにはイギリス、フランス、ドイツ、イタリアと本場ヨーロッパにまで足を運んで、今も現場を見続けている。

山﨑氏が研鑽を積み重ねて見出したモデルは、とてもシンプルで農林漁家でもすぐに実践できる。すなわち、今後農林漁家民宿を広く普及させていくためには経営的な確立が必要である、そしてそのためには「ざっくり」でよいので原価計算をして所得（あるいはコスト）意識を確立することである、というものである。

以下、私から見たこの本のポイントをみていこう。

第Ⅰ章では、日本のグリーン・ツーリズム、農山漁村ツーリズムのこれまでの歩みを整理し、その中の課題を整理している。特にグリーン・ツーリズムの特徴を、従来は「モノが動く経済」であった農山漁村が「人が動く経済」へと転換することと捉えている。

第Ⅱ章では、農林漁家民宿のリアルな姿を浮き彫りにし、発展に必要なシステムやサポートについて述べている。ここでのポイントは、持続可能な農林漁家民宿の経営イメージをモデル化し、経営者の「生きがい」と同時に、「経済的な持続性」の両者の併存の必要性を説いたことである。

第Ⅲ章では、経営者の言葉からそこに潜む本音とともに、生きがいから経済的持続性に至る可能性について考えている。ここでのポイントは、宿泊客が年間100人（収入換算で80万円～100万円）を超えるあたりから経営者が採算性を気にしだすということ、いわゆる「100万円の壁」を超えると経営者の意識変化がみられることを見出したことである。

第Ⅳ章は近年のグリーン・ツーリズムをめぐるあわただしい動きが、農林漁家民宿の経営に与える影響を予想し、その中で農林漁家民宿の経営がどう変わってゆくかを国内外の知見をもとに考えている。

第Ⅴ章は、この本の真骨頂ともいうべきところである。具体的には以下のようである。

・厳密な原価計算ではないが、「ざっくり原価」を計算して、原価割れ＝赤字にならないように宿泊料を設定すること。

・菜園で採れた野菜や釣ってきた天然魚など農林漁家民宿ならではの「自給食材費」も市場販売価格または市場購入価格を用いて費用に組み込むこと。

・宿泊客との語らいが、たとえ経営者にとって「楽しい時間」であっても、宿泊客をもてなすためにかかる時間に対する「労賃」は費用として意識すること。「雇用労賃」だけでなく「家族労賃」、「経営者の労賃」も加算すること。

ここで提案される「ざっくり原価計算シート」は、山崎氏が長年の研究成果から考案したものである。エクセルで作られたシートに稼働日数、宿泊客数、宿泊料金、経費等を入力することで、民宿の利潤や宿泊客一人当たり経費を自動的に計算してくれるものである。このシートの数値をいろいろ変えて入力することで、経営者が民宿経営をシミュレートできる優れものである。

第Ⅵ章では、一般的な旅行商品市場の中での農林漁家民宿のポジショニングを示し、選ばれる「商品」になるための「品質」と「価値」について考察している。

さらに原価計算の作業の中で、「農林漁家民宿の費用」が農山漁村と言う存在の「価値、意義」を浮かび上がらせることにつながると述べる。

このように、山﨑氏の本には農林漁家民宿の経営者が経営的に自立していくために、必要な知識と実践に応用できる便利なツールが込められている。

多くの経営者がこのシミュレーションシートを用いて原価計算を行い、農林漁家民宿の経営を確立していってほしい。そのことが結果的に日本の農山漁村を守ることにつながると確信している。

付録　ざっくり原価計算シート【解説】

付録1
ざっくり原価計算　按分お役立ちシート

人数按分

	費用	金額（円）	按分			民宿部門の費用(円)
			家族数	宿泊客	按分率	
1					0	0
2					0	0
3					0	0
4					0	0
5					0	0
小計						0

面積按分

	費用	金額（円）	按分			民宿部門の費用(円)
			供用面積	全体面積	按分率	
1					0	0
2					0	0
3					0	0
4					0	0
5					0	0
小計						0

収入按分

	費用	金額（円）	按分			民宿部門の費用(円)
			民宿収入	総収入	按分率	
1					0	0
2					0	0
3					0	0
4					0	0
5					0	0
小計						0

・車検
金額欄には車検にかかった経費÷年数（2年に一度の場合は2，3年に一度の場合は3）を入れる
按分率は車両の原価償却の時に

	項目	金額	按分			民宿部門の経費
			事業用%	家庭%	民宿%	
例	軽トラック（車検初回）	50,000	80	0	20	10,000
	普通車	100,000	0	50	50	50,000
1		0	0			0
2		0	0		0	0
3		0	0		0	0
計						60,000

・ガソリン
☆実際の走行距離から算出（ｋｍ÷燃費×単価＝円）
☆あるいは下表を用いて、事業用、家庭用、民宿用の中で按分

	項目	金額	按分			民宿部門の経費
			事業用%	家庭%	民宿%	
例	軽トラックガソリン代	100,000	80	0	20	20,000
	軽トラックオイル代	5,000	80	0	20	1,000
	普通車ガソリン代	150,000	0	50	50	75,000
1		0				0
2		0				0
3		0				0
4		0				0
5		0				0
計						96,000

付録3　ざっくり原価計算　自給食材積み上げシート

1 年間に自家菜園用に使った費用（農業生産と共用のものは按分します）

項　目	金額
種苗代	
肥料代	
薬剤代	
使用期間 1 年未満、10 万円未満の農作業用具など	
使用期間 1 年未満、10 万円未満の農作業（採取）用具代	
10 万円以上の用具、機械（乾燥機など）（減価償却）	
10 万円以上の農作業（採取）用具代（減価償却）	
農業用自動車（減価償却）	
その他の費用	
合計	

1 年間に山菜等の採取に使った費用（農業生産と共用のものは按分します）

項　目	金額
使用期間 1 年未満、10 万円未満の採取用具など	
10 万円以上の用具、機械（乾燥機など）（減価償却）	
10 万円以上の採取用具代（減価償却）	
農業用自動車（減価償却）	
農業用自動車　修繕費	
車両諸掛	
その他	
合計	

1 年間に天然魚の採取にかかった費用

項　目	金額
使用期間 1 年未満、10 万円未満の資材、漁具	
10 万円以上の資材（減価償却）	
10 万円以上の漁具代（減価償却）	
漁船（減価償却）	
自動車（減価償却）	
漁具修繕費	
漁船修繕費	
漁船燃料、自動車ガソリン	
車両諸掛	
その他	
合計	

※実際には栽培や採取にも労力がかかっていますが、ここでは計上しません。
家族や経営者（あなた）の労働時間を計算する際に考慮します。

付録4　経営の工夫（事例）

（1）経費を下げる工夫（事例）

◆食材の自給率を上げる。

◆野菜を使った料理をレベルアップし、充実させる。単価の低い野菜でボリュームを感じさせるメニューを工夫する。

◆リネン類などを自宅で洗濯する。アイロンが省略できる素材を選んで清潔度を保ちながら経費を節約する。

◆同じ地域内の宿泊施設をまとめてクリーニング店と割引料金で契約する。消耗品や備品を共同購入する。

◆海外の事例：民宿ネットワークと提携した協賛企業による什器や備品の値引き制度などを利用する。

◆既にあるものの活用

設備投資は金額が張ります。すでにあるものを使うこと、で随分節約ができます。

あるお宿は、離れの子供部屋を客室へと模様替えしようとしていましたが、部屋には新品に近いベッドが残っていました。民宿といえば和室、とイメージしていましたが、身体の故障や動きが不自由になってきている高齢者の方はベッドを喜ばれると聞いて、客間は洋室（ベッド）にすることにしました。新たな寝具の支出額が抑えられ、お客様にも好評だということです。

◆自分で作る

例えばお風呂。

お客さまが少ないうちは家族と同じお風呂に入っていただくことも可能です。しかし、開業後にお風呂の改修をする民宿が結構あります。やはり別々のほうが、お客さまにとってはもちろん経営者側からもなにかと気楽なのでしょう。

近隣に温泉などがある地域ではシャワールームだけを整備して、お風呂が好きなお客さまは温泉にご案内、という宿が多いです。

また外国人は（最近の若い日本人も）シャワーだけでよいと言います。

農林漁家の方はとても器用な方が多いので、手造りのお風呂場をあちこちで拝見し、本職並みの腕にびっくりします。五右衛門風呂も比較的低コストで造れますし、お客さまにも人気があるようです。

ただし、五右衛門風呂に限らず、施設を手造りする場合はお客さまにとって危険のないよう十分気を付けて造りましょう。

（2）宿泊料金の工夫（事例）

農林漁家民宿には「稼働率」の限界があり、単純に宿泊客数を増やすことは難しそう。「宿泊料金（単価）」の工夫を考えてみます。

◆季節別の価格設定：GWや夏休みはハイシーズンでやや高め、その他の時期はローシーズンでやや低めの価格設定。

◆曜日別価格設定：週末を平日より高めに設定。これは平日客の誘客の意図もあるそうです。

◆季節限定の上乗せ料金の設定：経費を「〇〇費」として上乗せする方法。例えば寒冷地では冬の間、「暖房費」をいただいている例が多いようです。

◆人数別価格設定：おひとり様は二名以上より高めに設定する、など。

◆基本の価格を1泊朝食付き表示にする（夕食はオプション）：B&B利用が増えることで原価率が下がる。労働時間が少なくて済む。

◆食泊料金を「体験料金」込みで設定：「体験料金」は材料費と指導時間から積算して決める。

◆食事代の工夫：採取にコストがかかる食材、希少な食材は季節限定、期間限定の特別メニューにし価格を高めに設定する（天然魚の料理、ジビエ料理、カニやマツタケ料理など）。希少な食材は同時に貴重な天然資源でもあります。それを伝えるのも大切なことです。

◆食事代の工夫：一部のメニューをオプションにして別途料金をいただくという方法も。例えば「追加料金になりますが天然物の鮎の姿焼きもございます」と伝える。

◆農林漁家民宿のニューウェーブといってもいい経営もあります。農林漁家民宿は安いお宿、という今までの概念をくつがえす経営です。伝統家屋、先祖代々の焼き物や塗の什器、快適な眠りを確保するこだわりの寝具を供えるなど、平均的な7，000円をはるかに上回る価格設定をしています。

◆値上げのタイミング

　宿泊料金を値上げしてみたいと思っている経営者の方の悩みは、値上げのタイミングと値上げ幅です。

　これが正解、というものはないのですが、消費税率アップの時や燃油高騰時に値上げしたというケースや、また、「1泊2食」から「B&B＋夕食別料金」に変更する際に「素泊まり料金分」を値上げしたという事例があります。

（3）その他の収入を上げる工夫（事例）

「その他の収入」を上げる工夫の実例を紹介します。

◆農産物や加工品を販売する

収穫時期に「お知らせ」メールやはがきを送り、注文を受ける。

通年販売できる農林水産物・加工品であっても、「今年も加工作業が始まりました」等のお知らせをして注文を受ける。

特に米のように日常消費するものは、定期的に発送・販売する。

◆友の会・サポート会員制度

年会費に応じて年1、2回、産物、加工品を送っている民宿もあります。入会時には宿泊割引券などを添えている例もあります。

都会に帰ったお客さまと親しいつながりを保つこともでき、しかも前払いいただくと作業やスケジュールの計画も立てやすくロスが出ません。予約の農産物販売はたいへんいいアイデアです。

付録5

体験プログラムにも「ざっくり原価計算シート」

「体験プログラム」は大きく分けると二つのタイプがあります。

（1）単発のもの（地域に足を運んでもらうための「きっかけ」づくり、イベント）

（2）継続して行うもの（民宿や体験型教育旅行の受け入れに提供していくもの）

（1）は、主に自治体や地域の協議会等が事業として行うもので助成金が出ているケースが多く、体験プログラムの価格設定や収支はあまり問題にはならないのかもしれません。

でも何回かやっているうちに、「そろそろ助成金を打ち切りたい」とか、「ここまできたら自立してやってみませんか」という肩たたきを受けているという話をよく聞きます。

（2）ある程度の収支は考慮されていると思いますが、それでも、「お客様との交流が楽しみなので、多少持ち出しがあってもかまいません」という方も見かけます。

いずれにしても、毎回赤字続き、家族やメンバーの労賃も充分に支払えないというのでは、新しいメンバーのお誘いもしにくいし、次第に疲れが溜まってきます。長く続けて、できれば拡大もしたい。そういう考えがあるのでしたら収支は大切です。

ある体験イベントを「ざっくり原価計算シート」を使って分析してみました。

イベント：ゆず収穫体験日帰りツアー

○参　加　費：3，000円
（体験＋昼食＋おみやげユズ果汁含む）
○体験の内容：ユズ収穫体験、ユズ果汁絞体験、手作り料理の昼食、をお土産に。
○会場：町民センターを無料で借りる。
○広報：町役場で担当するため経費無し
○今年のお客様：40人
○スタッフの従事時間
前日：@2時間×3人（会場設営）
当日：@5人（仕込み～後片付け）
@インストラクター7人（お客さま6人にインストラクター1人配置）
@2時間×2人（撤収作業手伝い）
※謝金や日当
インストラクター謝金（5，000円／日）
調理スタッフ日当（5，000円／日）

付録５の表１　ある体験イベントの収支（今年、来年度見込み、経費チェック後）
※シートの支出科目のうち体験プログラムでは使わないものは削除しました。

体験料金	3,000 円
客　　数	40 人

準備にかかる作業人数	3 人
当日調理、配膳	5 人
後片付け　補助作業	3 人
インストラクター人数	7 人

客数６名に付きインストラクター１名

				①今年の収支	②来年の計画	③経費チェック後
体験料収入				120,000 円	120,000 円	120,000 円
収入計（A）				120,000 円	120,000 円	120,000 円
支出						
体験にかかる支出	材料費	食材料費	購入食材：メンバーが持ち寄った食材も買い上げする	14,000 円	14,000 円	15,200 円
		自給食材費				
		外注加工品				
	労務費	給料・賃金（常時雇用）	スタッフ労賃	25,000 円	25,000 円	34,000 円
		給料・賃金（臨時雇用）	インストラクター　日当	35,000 円	35,000 円	35,000 円
	経費	水道・光熱費	会場借り上げ料に含まれている			
		洗濯費	インストラクタージャンパー、半被等、クリーニング	2,400 円	2,400 円	2,400 円
		消耗品	400 円（お客様土産用ユズ酢代含む）	16,000 円	16,000 円	16,000 円
		食器・調理用具	会場借り上げ料に含まれている			
		保険掛け金（施設賠償、PL）	レクリエーション保険	8,000 円	8,000 円	8,000 円
体験プログラム運営にかかる支出		体験用の資材・材料	収穫用具の更新	0 円	0 円	2,000 円
		家賃・レンタル料	会場、厨房　借り上げ料	0 円	5,000 円	5,000 円
		通信費	電話代	0 円	0 円	300 円
		広告宣伝費	チラシ（用紙代）	0 円	2,000 円	2,000 円
		衛生費	会場借り上げ料に含まれている			
		衣料費	インストラクタージャンパー、半被等、更新用の積み立て	0 円	1,000 円	1,000 円
		車両諸掛	車ガソリン代	0 円	0 円	500 円
		研修費	衛生研修出席　旅費等　　3 名	0 円	0 円	900 円
		事務用品費	一律	1,000 円	1,000 円	1,000 円
		会議費	資料代、茶菓代等			1,000 円
		雑費	一律	500 円	500 円	500 円
		計（B）		101,900 円	109,900 円	124,800 円

収支C（＝A－B）	18,100 円	10,100 円	-4,800 円

今年の収支を計算すると18，100円の黒字ということになっています。（表1の①）
実は来年は町からの助成金が打ち切られ、会場借上料とPRチラシを自前で作らないといけません。それでも10，100円は残る計算となり、継続できそうです。（表1の②）
ところが詳しく調べてみると、表2の費用が抜けている（計上漏れしている）ことが分かりました。
これら全てを経費として計算すると、次年度の準備のためには10，000円程度の繰り越しが必要なのに、実際は（表1の③）のように4，800円の赤字になります。

では、どうすれば赤字にならずにすむでしょうか。
料金とお客さまの数を変えて試算してみました。このシートの便利なところは、お客さまの人数や体験料金を変えて入力すると自動計算してくれることです。

①お客さまの数が40人で変わらないとすると、体験料を何円値上げすればよいのでしょうか。
今の内容のまま「値上げ」という訳にもいかないだろうと、料理をグレードアップしておみやげも増やして試算すると（表3）、体験料3，500円に上げれば繰り越しも確保できるという結果になりました。
②参加費3，000円を据え置きのままだとすると、何人お客さまの数が何人になればよいのでしょうか。
ここで注意が必要な点は、お客さまが増えるにつれてインストラクターの人数も必要になり、その費用も膨らむことです。試算の結果（表4）、お客さまがあと13人増えてくれればよいということが分かりました。

このように、いくつか条件を変えてシミュレーションしてみると、赤字にならない価格設定、その価格設定でお客さまに満足いただくにはどのような付加価値をつけるか、などを考えていくのに役立ちます。参加費を上げずにコストを下げる方法（食事メニューの改善、お土産の工夫）、PR活動の工夫（紙物でなく、ネット使用など）、体験料の中に入っているレクリエーション保険料を別途徴収などの検討もできるかもしれません。
このように、「体験イベント」の料金設定にも「原価計算シート」が使えます。

付録5の表2　抜かっていた費用

食材費	メンバーが持ち寄った野菜・調味料等の代金が支払われていなかった。
労賃	会場設営と撤収の作業にかかる作業への労賃が支払われれていなかった。（無償ボランティアになっていた）。
収穫体験作業資材	初回に買ったハサミやかごは壊れて使用不可のものがある。スタッフの自宅用のものを使っている。
被服費	インストラクタージャンパー、半被が古びて、清潔感が無くなってきているので、更新費用が必要。
通信費、車両諸掛	連絡用電話代、買い出しや会場設営用の車ガソリン代が支払われていない。
会議費	資料代コピー代、茶菓代も計上していなかった。
研修費	衛生講習会 (義務) の受講料は無料であるが交通費は自己負担になっていた。

付録5の表3　体験料を変えた場合のシミュレーション

	③経費チェック後	体験料 3,500 円に上げる
体験料金	3,000 円	3,500 円
客　　数	40 人	40 人

	③経費チェック後	体験料 3,500 円に上げる
準備にかかる作業人数	3 人	3 人
当日調理、配膳	5 人	5 人
後片付け　補助作業	2 人	2 人
インストラクター人数	7 人	7 人

				③経費チェック後		体験料 3,500 円に上げる
体験料収入				120,000 円		140,000 円
収入計（A）				120,000 円		**140,000 円**
支出						
体験にかかる支出	材料費	食材料費	購入食材：メンバーが持ち寄った食材も買い上げする	15,200 円	**→献立をグレードアップ**	**17,200 円**
		自給食材費				
		外注加工品				
	労務費	給料・賃金（常時雇用）	スタッフ労賃	34,000 円		32,500 円
		給料・賃金（臨時雇用）	インストラクター　日当	35,000 円		35,000 円
	経費	水道・光熱費	会場借り上げ料に含まれている			
		洗濯費	インストラクタージャンパー、半被等、クリーニング	2,400 円		2,400 円
		消耗品	400 円（お客様土産用ユズ酢代含む）	16,000 円	**→お土産を増やす**	**18,000 円**
		食器・調理用具	会場借り上げ料に含まれている			
		保険掛け金（施設賠償、PL）	レクリエーション保険	8,000 円		8,000 円
体験プログラム運営にかかる支出		体験用の資材・材料	収穫用具の更新	2,000 円		2,000 円
		家賃・レンタル料	会場、厨房　借り上げ料	5,000 円		5,000 円
		通信費	電話代	300 円		300 円
		広告宣伝費	チラシ（用紙代）	2,000 円		2,000 円
		衛生費	会場借り上げ料に含まれている			
		衣料費	インストラクタージャンパー、半被等、更新用の積み立て	1,000 円		1,000 円
		車両諸掛	車ガソリン代	500 円		500 円
		研修費	衛生研修出席　旅費等　　3 名	900 円		900 円
		事務用品費	一律	1,000 円		1,000 円
		会議費	資料代、茶菓代等	1,000 円		1,000 円
		雑費	一律	500 円		500 円
		計（B）		**124,800 円**		**127,300 円**

一回の体験で残るお金 C（＝ A － B）	-4,800 円	12,700 円

付録５の表４　客数を増やすことができた場合のシミュレーション

				③経費チェック後		客数を５３人に増やす
		体験料金		3,000 円		3,000 円
		客　　数		40 人		53 人
		準備にかかる作業人数		3 人		3 人
		当日調理、配膳		5 人		5 人
		後片付け　補助作業		3 人		3 人
		インストラクター人数		7 人	→インストラクターが増える	**9 人**
		客数６名に付きインストラクター１名				
体験料収入				120,000 円		159,000 円
収入計（A）				120,000 円		159,000 円
支出						
体験にかかる支出	材料費	食材料費	購入食材：メンバーが持ち寄った食材も買い上げする	15,200 円		20,140 円
体験にかかる支出	材料費	自給食材費				
体験にかかる支出	材料費	外注加工品				
体験にかかる支出	労務費	給料・賃金（常時雇用）	スタッフ労賃	34,000 円		34,000 円
体験にかかる支出	労務費	給料・賃金（臨時雇用）	インストラクター　日当	35,000 円		**45,000 円**
体験にかかる支出	経費	水道・光熱費	会場借り上げ料に含まれている			
体験にかかる支出	経費	洗濯費	インストラクタージャンパー、半被等、クリーニング	2,400 円		2,800 円
体験にかかる支出	経費	消耗品	400 円（お客様土産用ユズ酢代含む）	16,000 円		21,200 円
体験にかかる支出	経費	食器・調理用具	会場借り上げ料に含まれている			
体験にかかる支出	経費	保険掛け金（施設賠償、PL）	レクリエーション保険	8,000 円		10,600 円
体験プログラム運営にかかる支出		体験用の資材・材料	収穫用具の更新	2,000 円		2,000 円
体験プログラム運営にかかる支出		家賃・レンタル料	会場、厨房　借り上げ料	5,000 円		5,000 円
体験プログラム運営にかかる支出		通信費	電話代	300 円		300 円
体験プログラム運営にかかる支出		広告宣伝費	チラシ（用紙代）	2,000 円		2,000 円
体験プログラム運営にかかる支出		衛生費	会場借り上げ料に含まれている			
体験プログラム運営にかかる支出		衣料費	インストラクタージャンパー、半被等、更新用の積み立て	1,000 円		1,000 円
体験プログラム運営にかかる支出		車両諸掛	車ガソリン代	500 円		500 円
体験プログラム運営にかかる支出		研修費	衛生研修出席　旅費等　　３名	900 円		900 円
体験プログラム運営にかかる支出		事務用品費	一律	1,000 円		1,000 円
体験プログラム運営にかかる支出		会議費	資料代、茶菓代等	1,000 円		1,000 円
体験プログラム運営にかかる支出		雑費	一律	500 円		500 円
体験プログラム運営にかかる支出		**計（B）**		**124,800 円**		**147,940 円**
収支 C（＝A－B）				**-4,800 円**		**11,060 円**

付録６

農林漁家民宿　私のおすすめ本棚（発行年順）

三橋伸夫・小山善彦（２００２）「英国イングランドにおける農場民宿の評価・登録制度」日本建築学会技術報告集第15号231―234頁

山崎光博（２００３）「ドイツにおける「農家で休暇を」事業に関する研究」『明治大学農学部研究報告』第137号

山崎光博（２００５）『ドイツのグリーン・ツーリズム』農林統計出版

井上和衛（２００５）「農業・農村体験の意義と課題（農業・農村体験ビジネス　体験ビジネス支援の政策展開の現状と課題）」『農業と経済』71（８臨時増刊号）

小俣寛（２００５）「フランス農村観光政策調査報告書　農村ツーリズムを取り入れた農村政策―地域農業ブランド戦略としての農村観光と農家民宿」（財）都市農山漁村交流活性化機構

青木辰司・小山善彦・バーナード・レイン（２００６）『持続可能なグリーン・ツーリズム―英国に学ぶ実践的農村再生―』丸善

（財）都市農山漁村交流活性化機構（２００６）「日本の民宿における品質保証に係る可能性と課題―品質管理に係る要点とランク付けの検討」

竹本田持・手塚元廣・桐木元司、他（２００６）「日本の民宿における品質保証に係る可能性と課題―品質管理に係る要点とランク付けの検討」（財）都市農山漁村交流活性化機構

竹本田持（２００７）「農村における地域内発型アグリビジネスに関する実証的研究」明治大学大学院農学研究科博士学位請求論文

ＷＡＮ研究所（２００７）「女性の起業とそのノウハウ（１）～（８・完）」『農林経済』第９８８２号～第９９０７号

鈴江恵子（２００８）『ドイツ―グリーン・ツーリズム考　田園ビジネスを創出したダイナミズム』東京農大出版会

金丸弘美（２０１１）「地域ブランドを引き出す力 トータルマネジメントが田舎を変える！」合同出版

宗田好史（２０１２）「なぜイタリアの村は美しく元気なのか：市民のスロー志向に応えた農村の選択」学芸出版社

グリーン・ツーリズム四国結びのネットワーク 愛媛県支部（２０１２）「農林漁家民宿経営者必携　愛媛型農林漁家民宿のおもてなしの心得」

山﨑真弓・原直行（２０１４）「農林漁家民宿の女性経営者が感じている満足と課題―農林漁家民宿おかあさん100選アンケート調査結果から―」『香川大学経済論叢』香川論叢第86巻第４号

社団法人全国農協観光協会 地域振興推進部子ども交流プロジェクト事務局（２０１６）「子ども農山漁村交流プロジェクト受入安全管理マニュアル」

山口県（２０１７）「農家民宿開業の手引き」

持続可能な農林漁家民宿経営

―農林漁家民宿の価値が分かる「ざっくり原価計算」のススメ

発行日：2015年12月1日　第1版
　　　　2016年12月9日　第2版
　　　　2018年9月28日　第3版

著　者：やまさき まゆみ
発　行：(株)南の風社
　　　　〒780-8040　高知市神田東赤坂2607-72
　　　　Tel：088-834-1488
　　　　Fax：088-834-5783
　　　　E-mail：edit@minaminokaze.co.jp
　　　　http://www.minaminokaze.co.jp